中国家庭能源消费研究报告

CHINESE HOUSEHOLD ENERGY CONSUMPTION REPORT

郑新业 魏楚 主编

气候变化与能源消费

基于微观个体行为的实证研究

谢伦裕 著

科学出版社

北 京

内 容 简 介

自工业革命以来，全球气候发生了持续的长期变化。导致气候变化的温室气体主要来自于人类活动。气候变化的影响广泛而深远，不仅关系到各国的经济增长和能源安全，还深刻影响着全人类的生存与发展。面对逐渐升高的平均气温和更加频繁的极端天气，人类活动也在对气候变化做出适应和调整，并为减缓气候变化做出努力。本书从能源消费的视角系统地介绍了气候变化与能源消费行为之间的互动关系，评估了气候变化对农业生产和人类家庭生活的影响，梳理了人类为减缓气候变化做出的努力，并定量地评估了这些减排行动的效果。

本书可供能源或其他相关行业的工作者、相关政府部门和企业管理层的决策者参考，也可供对气候变化和能源问题感兴趣的在校学生及普通读者阅读。

审图号：GS京（2022）0292号

图书在版编目（CIP）数据

气候变化与能源消费：基于微观个体行为的实证研究／谢伦裕著.
—北京：科学出版社，2022.6
ISBN 978-7-03-072527-1

Ⅰ.①气… Ⅱ.①谢… Ⅲ.①气候变化-关系-能源消费-研究

Ⅳ.①P467②F407.2

中国版本图书馆CIP数据核字（2022）第101357号

责任编辑：林 剑／责任校对：樊雅琼
责任印制：吴兆东／封面设计：无极书装

科 学 出 版 社 出版
北京东黄城根北街16号
邮政编码：100717
http://www.sciencep.com

北京建宏印刷有限公司 印刷
科学出版社发行 各地新华书店经销
*
2022年6月第 一 版 开本：787×1092 1/16
2023年1月第二次印刷 印张：13
字数：200 000
定价：158.00元
（如有印装质量问题，我社负责调换）

前　言

　　《气候变化与能源消费》是一本试图用通俗易懂的语言将笔者多年来关于气候变化与能源消费的研究成果，介绍给更多关心气候变化及节能减排的读者的一本科普性读物。尽管本书大部分的章节内容源于著者发表在学术性高、专业性强的学术期刊上的论文，但那些深奥的理论模型和回归结果、复杂的检验和论证并不会出现在本书中。本书保留了学术论文的基本逻辑，以通俗的语言和图表，解释学术研究的论证逻辑与主要发现。即使没有微观经济学和计量经济学基础，读者们也能通过阅读本书了解气候变化的基本事实、理解气候变化和人类活动之间的相互影响、了解国际社会为缓解气候变化所做出的努力及所取得的成效。不论您是对气候变化和能源感兴趣的在校学生，还是能源或其他相关行业的工作者，又或是政府部门和企业的决策者，希望这本书能够对您认识气候变化和能源消费问题有所帮助和启发。

　　本书在全球积极应对和缓解气候变化的背景下，从居民消费者微观个体的视角，系统地介绍笔者关于气候变化与微观个体在能源消费、农业生产、植树固碳等减排降污之间互动关系的系列研究。其中，第1章和第2章介绍气候变化对人类经济活动产生的影响，包括气候变化对农业生产和人类家庭生活尤其是能源消费方面的影响；第3章阐述了人类为减缓气候变化做出的努力，包括提高化石能源利用效率、鼓励发展非化石能源、改变能源消费结构、减少能源消费量等，并定量地评估了这些减排行动的效果；第4章关注碳汇，也就是森林等植被对二氧化碳的吸收固定，探讨了中国林权制度改革、退耕还林工程对植树造林行为的影响；第 5 章关注减排行为的环境协同效应，减排行动不仅减少了二氧化碳的排放量，也带来了污染物排放的减少。第 6 章对全书进行了总结。

在本书成书之际，要特别感谢长期以来在气候变化和能源消费研究领域的合作者们，包括常亦欣、崔健、郭巍、蒋黎、蓝艳、王敏、魏楚、吴双、相晨曦、徐晋涛、闫昊生、曾博涵、张舒涵、郑新业、Deepak Jaiswal、Maximilian Auffhammer、Peter Berck、Sarah M. Lewis 等，正是一次次修改完善、一遍遍打磨雕琢，才形成这一成果。

谢伦裕

2022 年 1 月于中国人民大学

目　　录

第1章 绪 论

本章主要介绍全球气候变化及各国应对气候变化的碳达峰碳中和行动，为后续章节提供基本事实和基础背景。第一小节介绍气候变化基本概念，并通过全球的气候时间序列数据展现气候变化事实；第二小节探讨气候变化的成因和后果，特别是人类活动在形成温室气体、影响气候变化中的作用，以及气候变化对人类社会造成的影响；第三小节概述人类社会为适应气候变化所做的努力，包括生产和生活等方面；第四小节聚焦世界主要国家和地区为减缓气候变化所作的减排承诺及行动，包括碳达峰碳中和目标的设定与行动。

1.1 气 候 变 化

相对于我们常说的"天气"而言，"气候"是一个长期的平均的概念。一个地区的气候是指该地区的长期平均天气情况，不仅包括气温，也包括降水、湿度等气候条件。例如，非洲的气候炎热，南极洲的气候寒冷；我国南方地区相对温暖潮湿，而北方地区相对寒冷干燥等。地球气候则是指地球上所有地区气候情况的平均。

气候并不是一成不变的，但通常而言，一个地区的气候变化非常缓慢，需要在数十年、数百年和数千年的时间范围内观察气候的变化。因此，"气候变化"是指在持续较长的一段时期里（通常为30年甚至更长）地球气候状态在统计意义上发生了明显变化。气候变化不仅包括平均气温、平均降水的变化，也包括极端天气出现频率、强度和范围的变化。

我们常听到的"全球变暖"这个词，就是对气候变化中平均气温升高这一现象的表述。这里，我们需要强调两点。首先，"全球变暖"是一个在时间和空间上都做了"平均"的概念，普遍来说，全球变得比以前更热；但是，我们应该注意到这背后存在巨大的地区差异和时间差异。例如，全球平均气温升高1摄氏度，不意味着全球各个地区每天的气温都上升1摄氏度，现实的情况可能是夏天出现极端高温天气的地区和天数增多，冬天出现极端寒冷天气的地区和天数也增多；有的地方平均气温升高得多一些，有一些地区平均气温变化相对不那么明显，但也并不意味着这些地区受到全球变暖影响就小，可能是极端高温天气和极端寒冷天气都增多后的平均效果。其次，全球变暖只是气候变化在气温方面的情况，气候变化还意味着降水等气候条件的变化。只不过，目前人们在谈论气候变化时更多地关注的是全球变暖这个方面。

目前的观测表明，近百年来地球正在逐渐变暖。根据气候代用资料和仪器观测的近2000年来的全球地表平均温度的变化情况，显示出从20世纪开始全球气温急剧上升，1998年和2005年是近一千年来全球平均气温最高的两年。近百年来全球平均地表温度上升了0.74摄氏度，其中尤以1910～1945年和1979～2005年的升温最为明显。20世纪后半叶，北半球平均温度很可能比近500年中任何一个50年时段的平均温度都高，并且可能至少在最近1300年中是最高的。

根据世界气象组织（World Meteorological Organization，WMO）调查数据（图1.1），在持续的长期气候变化趋势下，2011～2020年是人类有记录以来最暖的十年。其中2016年、2019年和2020年则是这十年中平均气温最高的三年。2020年的全球平均气温约为14.9摄氏度，比工业化前（1850～1900年）平均水平高出1.2摄氏度。从全球分布来看，全球所有地区都变暖，而且北半球中高纬度地区变暖更明显。

随着全球变暖，极端降水和极端天气等气候事件也随之发生了明

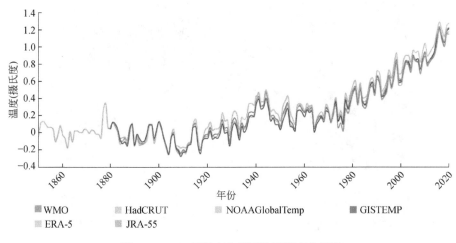

图 1.1　1850 年以来全球平均温度变化情况

注：以工业化前（1850～1900 年）的平均水平为基准

资料来源：世界气象组织

显变化。观测表明，近 50 年来，全球大部分陆地区域的强降水发生频率已经上升，与增暖和观测到的大气水汽含量增加相一致。极端温度发生了大范围变化，冷昼、冷夜和霜冻变得更为少见，而热昼、热夜和热浪变得更为频繁。自 1970 年以来，在更大范围地区，尤其是在热带和副热带地区，发生了强度更强、范围更广、持续时间更长的干旱。

1.2　气候变化的成因及后果

气候变化的原理，简单来说就是大气中的温室气体（如二氧化碳、甲烷等）和气溶胶浓度、地表和太阳辐射的变化会改变气候系统的能量平衡，从而导致气候变化。太阳短波辐射穿过大气层到达地面，地表受热后向外放出的大量长波热辐射被大气吸收，这样使地表与低层大气温度增高，即发生温室效应（图 1.2）。用形象的比喻来讲，温室气体像是包裹地球的毯子，捕获太阳的热量并使地球的温度不断升高，大气中温室气体增加，温室效应也会随之增强，引发气候变化并带来一系列严峻挑战。

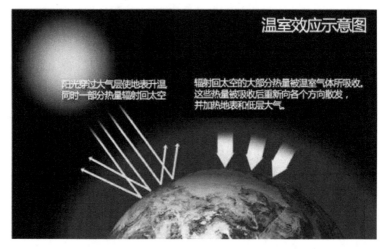

图 1.2 温室效应示意图

资料来源：http：//www.xuexili.com/why/2847.html.

气候变化既有自然因素，也有人为因素；可能是自然演变的正常进程，也可能是人类活动对大气组成造成了持续影响和改变。自然原因包括地球轨道的变化和来自太阳的能量的变化，还有海洋变化和火山爆发等。大多数科学家认为，自然原因不能完全解释自工业革命以来的全球气候变化，特别是 19 世纪以来，人类活动是气候变化的主要原因，尤其是煤炭、石油和天然气等化石燃料的燃烧。化石燃料燃烧产生大量的二氧化碳、甲烷等温室气体，导致气候变化。政府间气候变化专门委员会（Intergovernmental Panel on Climate Change，IPCC）报告中，气候变化一词是指气候随时间的任何变化，无论其原因是自然变化，还是人类活动的结果。《联合国气候变化框架公约》中，气候变化的定义更关注人类活动对气候的影响——"气候变化是指经过相当一段时间的观察，在自然气候变化之外由人类活动直接或间接地改变全球大气组成所导致的气候改变"。

从人为因素来看，导致气候变化的温室气体主要来自于工业革命以来人类活动——能源消费和工业生产。自工业革命以来，人类活动产生的温室气体排放不断增加，1970～2004 年，全球温室气体排放量增加了 70%。根据 IPCC 第五次评估报告，在 2000～2010 年，人为温室气体排放量增加了100亿吨二氧化碳当量，其中47%直接来自于能源供应部门，30%来自工业部门，此外交通、建筑、农业和土地使用也是主要的排放源。例如，工业革命以来，人类依赖石油、煤炭等化石燃料提供生产生活所需的动力和能源，而化石燃料燃烧产生大量温室气体；森林砍伐、土地利用变化等人类活动减少了地球植被吸收二氧化碳的能力；开垦土地和森林释放了大量二氧化碳；垃圾填埋则是甲烷排放的一个主要来源（图1.3）。这些活动对大气的组成成分产生了持久而深远的影响，引起全球气候变化。

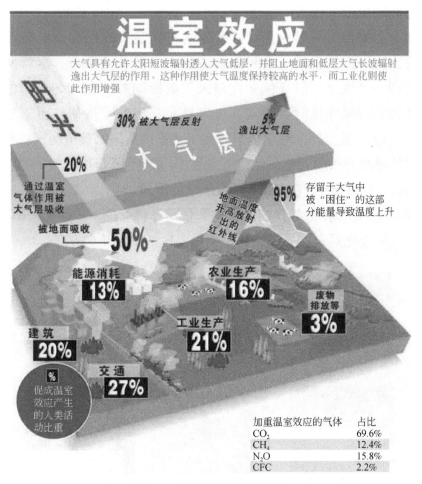

图 1.3　温室气体排放示意图

资料来源：http://www.xuexili.com/why/2847.html.

全球平均温度的微小变化会产生巨大的影响。从自然环境的角度而言，气候变化会导致海平面上升、冰川融化、降雨模式变化、产生更多的极端天气，且极端天气的频率、强度增强。例如，厄尔尼诺对全球天气模式和极端天气气候事件具有重要影响，尤其对澳大利亚、东南亚和美洲的极端降水和气温具有深远影响。2016 年发生的厄尔尼诺事件，导致包括南非、东非、中非的大面积干旱，而加勒比海地区遭受十年来最强飓风等。强降雨降雪、洪涝和干旱、冰雹雷电、台风飓风等极端天气事件越来越频繁地出现，都与气候变化有关，给人民生命财产安全带来极大的危害。

对人类而言，气候变化对自然环境和气候条件的改变会影响人类生存的方方面面，包括淡水和粮食供应、住房及健康等。尽管所有人生活在同一个地球，但气候变化对人类的影响并不是均匀分布的，一些群体面对气候变化时更脆弱、更容易受到影响。例如，由于气候变化导致的海平面上升，海水倒灌导致一些小岛屿国家被迫搬迁；气候变化带来的降水分布的变化，使一些发展中国家经历着长期的干旱，面临饥荒风险。这些受到气候变化影响严重的群体被称为"气候难民"，随着气候变化的加速，"气候难民"的数量预计将会进一步增加。如图 1.4 所示，气候变化对自然界带来的影响主要包括以下几个方面。

(a)冰川消退　　　　　(b)海平面上升　　　　　(c)干旱

(d)生物多样性减少　　　(e)荒漠化　　　　　(f)灾害性天气增多

图 1.4　气候变化的影响

（1）气候变化导致冰川和积雪融化，海平面上升

由于气候变化导致冰川和积雪加速融化，海平面上升，全球沿海地区遭受洪涝、风暴等自然灾害更加频繁和严重，尤其是一些岛国和沿海地区面临被海水淹没的威胁。根据2019年联合国政府间气候变化专门委员会（IPCC）发布的《气候变化中的海洋和冰冻圈特别报告》（*Special Report on the Ocean and Cryosphere in a Changing Climate*）显示，气候变化已经对生态系统和人类造成了深远的后果。对高山地区的居民而言，冰川、雪山持续且永久性地减少将严重影响其生计。预计欧洲、东非、安第斯山脉和印度尼西亚等地的小型冰川在高排放情景下到2100年将减少超过80%的冰体，对当地的娱乐活动、旅游业和文化资源持续产生负面影响。

冰川融化将使海平面升高，全球沿海地区遭受极端气候事件的频率大大增加。根据有关报告，20世纪全球海平面上升了约15厘米，而当前海平面的上升速度是20世纪的两倍多，达到每年约3.6毫米，而且在不断加速。到2100年，即使将全球变暖限制在远低于2摄氏度的范围内，海平面的上升幅度也将达到30~60厘米；但如果温室气体排放量继续大幅增加，海平面可能会上升60~110厘米。气候变化加剧了极端海平面事件和沿海灾害，尤其是洪涝、风暴等自然灾害的影响将更为严重，特别是对于人口密集、经济发达的沿海地区，如中国的长江三角洲、珠江三角洲等地区，极端天气事件带来的经济损失会十分严重。一些在岛国和沿海地区经济中发挥重要作用的资源，例如淡水、渔业、珊瑚礁等也会面临威胁，甚至部分小岛屿国家和沿海低洼地带面临被淹没的危险。

（2）气候变化导致极端气候灾害频发

2021年中国气象局发布的《2020年中国气候公报》显示，2020年中国的平均气温高、降水多，与近十年平均水平相比，气象灾害造成的直接经济损失偏多。2020年，长江流域出现了1998年以来最严重汛情，暴雨及洪涝灾害十分严重；气象干旱区域性、阶段性特征明显，华南地区的秋冬季干旱较为严重；高温出现时间早，在南方地区的持续时间长；台风登陆地点和影响时间集中；冷空气影响范围广，局部地区的降温幅度大。全球气候变化导致很多地区极端天气频发，在气候变化的背景下，极端的高温事件和极端的强降水事件频率还会继续增强，强度还会继续加大。

（3）气候变化影响全球的水资源安全

冰川是地球上最大的淡水水库，而全球冰川正因气候变化而不断加速融化。青藏高原是地球上除南北极以外冰雪储量最大的地区，是亚洲十多条大江大河的发源地，被称为"亚洲水塔"。这里也是气候变暖最为强烈的地区之一，平均气温升高的速率是全球平均水平的2倍。随着气候变暖的加剧，喜马拉雅冰川正在加速消融，影响着中国及"一带一路"沿线国家（地区）20多亿人口的生存和发展，数以百万的人口将面临着洪水、干旱及饮用水减少的威胁。近几年青藏高原地区多次发生冰崩事件：2016年，西藏阿里地区的阿汝冰川连续发生两次冰崩，西藏聂拉木县樟藏布冰湖发生溃决，对下游造成重大影响；2018年，雅鲁藏布江下游加拉村附近色东普沟发生冰崩堵江，危及人民生命和财产安全。

（4）气候变化影响生态安全

气候变化改变了生物物种的地理分布、迁徙活动及生态系统的生物多样性等。一些陆地区域的物种向极地和高海拔地区迁移；气候变化引起的海洋酸化，导致珊瑚死亡，海洋渔业受损；气候变化还会造成水土流失、生态退化等，加速土地的盐渍化、沙漠化；气候变化还造成森林、草原植被生产力显著降低，森林火灾发生的范围和频次加大。

（5）气候变化危及全球粮食安全

气候条件是农业生产的重要基础，是农作物生长和生产的物质与能量来源。温室气体排放带来的全球气候变化改变了农业生产的气候条件，气温变高、降水分布改变、极端气候事件更加频繁，全球的农业生产活动也随着气候变化而正在改变，部分国家和地区将面临更加严重的粮食危机。

总之，气候变化不仅关系到各国（地区）的经济增长和能源安全，还深刻影响着全人类的生存与发展，是当前全球面临的重大问题之一。根据气候模型预测，地球的平均温度将在未来 100 年左右持续上升。科学研究表明，为了避免气候变化的严重影响，保护宜居的地球，需要将全球气温上升限制在不超过工业化前水平 1. 5 摄氏度的范围内。目前，地球气温已经比 19 世纪末高出约 1.1 摄氏度，但温室气体还在持续排放，要按照《巴黎协定》的要求将全球变暖控制在不超过 1.5 摄氏度，温室气体排放量需要在 2030 年前减少 45%，到 2050 年实现净零，因此，全球减排任重而道远。

1.3　气候变化适应性行为

面对逐渐升高的平均气温和更加频繁的极端天气，人类活动也在为适应和减缓气候变化做出调整。为应对气候变化，人类社会采取的行动主要包括两类：适应气候变化和减缓气候变化。例如，将以化石燃料为主的能源系统转变为以太阳能、风能等可再生能源为主的能源系统，以此减少温室气体排放，尤其是碳的排放。

气候适应主要是基于气候变化已经发生，各国社会皆经历其中不可避免，因而需要增强自身的各种能力去更好适应这一变化，从而降低气候变化对生命、财产及健康带来的各种损失和影响。气候适应的本质是对风险的管理，有效的适应活动包括三个阶段：第一个阶段是降低对气候变化的脆弱性和暴露性，通过与其他目标形成共赢，在改善健康、生存环境、社会经济福利和环境质量的同时提高适应能力。第二个阶段是制订适应规划和实施方案，即在各个层面上开展适应规划和实施方案，充分考虑多样性的利益诉求、环境、社会文化背景和预期。第三个阶段是实现气候恢复力路径和转型，走适应和减缓相结合降低气候变化影响的可持续发展之路。

（1）农业方面的适应性行为

气候条件是农林牧渔业生产的重要基础，是作物生长和生产的物质和能量来源。温室气体排放带来的全球气候变化改变了农业生产的气候条件，气温变高、降水分布改变、极端气候事件更加频繁，随之而来，农业作物产量、作物生产季改变、树木种类减少、潜在沙漠化趋势增大、草原面积减少等问题日益严重。面对以上问题，全球的农林牧渔业生产活动也随着气候变化而开始进行相应的调整。

为应对更为频繁的高温干旱天气，农业生产需增加灌溉设施（图1.5）；地区之间在旱季进行水量分配，并提倡甚至采用法令强制执行节约用水；还有的地区禁止在灌溉区种植如水稻或棉花等高耗水作物。

图1.5　气候变化的适应性行为之一：农业节水灌溉系统

另外，农业部门还需根据变化了的气候条件，改变农业生产时间、多样化作物品种、增加要素投入等。例如，在加纳，从事农业生产的女性正在通过生计多样化来适应日益不稳定的降水状况。她们开始利用新技能生产豆奶和乳木果油等农产品，在当地市场上获得了更高的价格。波黑的农民对作物选择进行调整以应对干旱，如将苹果改种为更适宜温暖气候的桃子。

农户适应气候变化的措施，除了上述改变生产实践的行为外，还包括改变生产性金融管理，如购买农业保险、多样化收入来源等。

（2）水资源方面的适应性行为

随着气候的异常变化，水资源时空分布不均匀进一步加剧，洪涝、干旱和水环境恶化等问题，随着全球变暖日趋严重。在适应气候变化对水资源影响方面，各国积极采取措施提高全社会合理开发和利用水资源的水平；开源节流，积极发展人工增雨技术，同时积极采用节水新技术和新措施，节约工业用水、城市生活用水和农业灌溉用水，加强水资源调配，促进全社会节水；加强对降水、江河径流、地下水位及植被的实时监测，提高天气气候和水文预报的准确率，科学地指导灌溉，及时部署防洪减灾等措施。

（3）生活方面的适应性行为

除生产活动外，人类的生活活动也随气候变化而调整。例如，为维持办公和居住环境的适宜温度，居民家庭调整冬季和夏季的取暖与制冷用能选择及能源消费量。原本凉爽地区变得炎热后，居民安装的空调增多，使用空调增多就是最常见的气候变化适应性行为。值得注意的是，居民在生活方面的适应性行为大多会涉及更高的能源消耗，如空调使用的增多带来电力消费分增加，更多空调的安装意味着空调制造耗能的增加，而能源生产是碳排放的最主要来源。这意味着，应对气候变化的适应性行为本身可能加剧气候变化，因此减排才是解决气候变化问题的关键。

1.4 减排承诺及行动：碳达峰碳中和

除了对气候变化做出适应，人类社会也积极为减缓气候变化而努力。减少温室气体排放，尤其是减少碳排放，是目前最主要的减缓气候变化的方法之一。根据气候模型的预测，为实现《巴黎协定》中所要求的将全球变暖控制在不超过 1.5 摄氏度，需要各国在 2050 年实现净零排放，也就是"碳中和"。碳中和是指将温室气体排放量尽可能减少到接近零的水平，剩余的碳排放量被海洋、森林重新吸收。而"碳达峰"是实现"碳中和"的必经时点，是指二氧化碳排放量由增转降的历史拐点，标志着碳排放与经济发展实现脱钩。

1.4.1 全球协作应对气候变化

实现碳中和是人类面临的重大挑战之一。碳中和目标要求人类改变生产、消费方式，用风能或太阳能等可再生能源取代煤炭、石油和天然气等传统化石能源。碳排放来自世界每个地区每个人，也会对每个地区每个人产生影响，因此地球上的所有国家和个人都有责任共同努力采取行动减少碳排放、适应气候变化的影响。但与此同时，碳减排也是典型的全球公共物品，单个个人或国家采取行动减少一单位的碳排放，会使全球所有人都受益。由于这一全球公共物品的属性，碳减排行动面临着严重的"搭便车"问题，进一步加剧了全球控制碳排放、实现碳中和目标的难度。

为应对全球气候变化，世界各国已形成了一些指导性的全球协作框架和协定。例如，1992 年 5 月 9 日，联合国大会通过了《联合国气候变化框架公约》。公约具有法律约束力，最终的目标是将大气温室气体浓度维持在一个使气候系统免遭破坏的稳定的水平上。公约确立了"共同但有区别的责任"原则：发达国家率先减排，并向发展中国家提供资金技术支持。发展中国家在得到发达国家资金技术的支持下，采取措施减缓或适应气候变化。在《联合国气候变化框架公约》下，从 1995 年开始，每年举行一次公约缔约方大会，简称"联合国气候变化大会"，与会国家就全球气候变化和减排行动进行商讨和谈判，在历次联合国气候变化大会上形成了国际减排合作的里程碑成果。

1997 年在日本京都举行气候变化大会通过了具有法律约束力的《京都议定书》，首次为发达国家设立强制减排目标，也是人类历史上首个具有法律约束力的减排文件。《京都议定书》为发达国家明确了阶段性的减排目标，要求发达国家在 2008～2012 年的第一承诺期内将温室气体排放量在 1990 年的基础上平均减少 5.2%。2007 年的印度尼西亚巴厘岛气候大会通过了"巴厘路线图"，建立以《京都议定书》特设工作组和《联合国气候变化框架公约》长期合作特设工作组为主的双轨谈判机制。要求签署《京都议定书》的发达国家应承诺 2012 年以后的量化减排指标，也要求发展中国家和未签署《京都议定书》的发达国家采取应对气候变化的举措。2009 年丹麦哥本哈根气候变化大会和 2010 年墨西哥坎昆气候变化大会建立了帮助发展中国家减缓和适应气候变化的绿色气候基金。2012 年卡塔尔多哈气候大会通过了《京都议定书》第二承诺期修正案，进一步为相关发达国家设定了第二承诺期（2013～2020 年）的温室气体减排目标。

2015 年巴黎气候变化大会通过了《巴黎协定》，为《京都议定书》规定的第二承诺期结束后（也即 2020 年后）全球应对气候变化行动作出安排。世界各国将加强对气候变化威胁的全球应对，把全球平均气温升高控制在 2 摄氏度之内（较工业化前水平），并争取为 1.5 摄氏度而努力。全球将尽快实现温室气体排放达峰，在 21 世纪下半叶实现温室气体净零排放。

至此，越来越多的国家制定了碳中和目标（图 1.6）。目前，全球已有 132 个国家承诺 21 世纪中叶实现碳中和的目标，部分发达国家已经实现碳达峰甚至碳中和（杨婉琼，2022）。

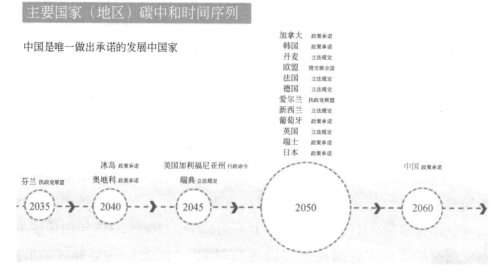

图1.6 主要国家和地区碳中和时间序列

1.4.2 中国双碳目标和减排实践[①]

中国积极参与全球气候治理，是《联合国气候变化框架公约》的首批缔约国。中国一贯高度重视应对气候变化国际合作，积极参与气候变化谈判，推动达成和加快落实《巴黎协定》，以中国理念和实践引领全球气候治理新格局，逐步站到了全球气候治理舞台的中央。

（1）坚持共建公平合理、合作共赢的全球气候治理体系

2009年的哥本哈根气候大会上，中国提出2020年相对减排目标，争取到2020年单位国内生产总值二氧化碳排放比2005年下降40% ~ 45%，非化石能源占一次能源消费比例达15%左右，森林面积比2005年增加4000万公顷，森林蓄积量比2005年增加13亿立方米，大力发展绿色经济，积极发展低碳经济和循环经济。到2017年，中国单位国内生产总值二氧化碳排放比2005年下降了42%，提前3年兑现了在哥

---

① https：//www. mee. gov. cn/zcwj/gwywj/202110/t20211027_ 958030. shtml.

本哈根气候大会上所作的减排承诺。

2015年，在巴黎气候变化大会上，中国提出2030年相对减排行动目标，即二氧化碳排放2030年左右达到峰值并争取尽早达峰，单位国内生产总值二氧化碳排放比2005年下降60%~65%，非化石能源占一次能源消费比例达20%左右，森林蓄积量比2005年增加45亿立方米左右。

2020年9月22日，习近平主席在第七十五届联合国大会上一般性辩论上，提出中国要于2030年前实现碳达峰，努力争取2060年前实现碳中和，充分展现了中国积极应对全球气候变化、构建人类命运共同体的大国担当。中国成为全球主要碳排放国里首个设定碳中和目标期限的发展中国家。

2020年12月12日，习近平主席在气候雄心峰会上发表题为《继往开来，开启全球应对气候变化新征程》的重要讲话，宣布到2030年中国单位国内生产总值二氧化碳排放将比2005年下降65%以上，非化石能源占一次能源消费比例达25%左右，森林蓄积量比2005年增加60亿立方米，风电、太阳能发电总装机容量将达到12亿千瓦以上。

（2）实施积极应对气候变化国家战略

中国把应对气候变化作为推进生态文明建设、实现高质量发展的重要抓手，基于中国实现可持续发展的内在要求和推动构建人类命运共同体的责任担当，形成应对气候变化新理念，以中国智慧为全球气候治理贡献力量。牢固树立共同体意识，贯彻新发展理念，以人民为中心，大力推进碳达峰碳中和，同时注重减污降碳协同增效。为实现应对气候变化目标，中国迎难而上，积极制定和实施了一系列应对气候变化战略、法规、政策、标准与行动，推动中国应对气候变化实践不断取得新进步。

一是，不断提高应对气候变化力度，加强应对气候变化统筹协调，将应对气候变化纳入国民经济社会发展规划，建立应对气候变化目标分解落实机制，不断强化自主贡献目标，加快构建碳达峰碳中和"1+

N"政策体系。2021年，为指导和统筹做好碳达峰碳中和工作，中国成立碳达峰碳中和工作领导小组。"十四五"规划和2035年远景目标纲要将"2025年单位GDP二氧化碳排放较2020年降低18%"作为约束性指标。中国制定并发布碳达峰碳中和工作顶层设计文件，编制2030年前碳达峰行动方案，制定能源、工业、城乡建设、交通运输、农业农村等分领域分行业碳达峰实施方案。

二是，坚定走绿色低碳发展道路，实施减污降碳协同治理，加快形成绿色发展的空间格局，大力发展绿色低碳产业，坚决遏制高耗能高排放项目盲目发展，优化调整能源结构，强化能源节约与能效提升，推动自然资源节约集约利用，积极探索低碳发展新模式。能源领域是温室气体排放的主要来源，中国不断加大节能减排力度，加快能源结构调整，构建清洁低碳安全高效的能源体系。确立能源安全新战略，推动能源消费革命、供给革命、技术革命、体制革命，全方位加强国际合作，优先发展非化石能源，推进水电绿色发展，全面协调推进风电和太阳能发电开发，在确保安全的前提下有序发展核电，因地制宜发展生物质能、地热能和海洋能，全面提升可再生能源利用率。积极推动煤炭供给侧结构性改革，化解煤炭过剩产能，加强煤炭安全智能绿色开发和清洁高效开发利用，推动煤电行业清洁高效高质量发展，大力推动煤炭消费减量替代和散煤综合治理，推进终端用能领域以电代煤、以电代油。中国2015年修订的《大气污染防治法》专门增加条款，为实施大气污染物和温室气体协同控制和开展减污降碳协同增效工作提供法治基础。公布12批重点工业行业淘汰落后产能企业名单，2018~2020年连续开展淘汰落后产能督查检查，持续推动落后产能依法依规退出。

三是，加大温室气体排放控制力度，有效控制重点工业行业温室气体排放，推动城乡建设领域绿色低碳发展，构建绿色低碳交通体系，推动非二氧化碳温室气体减排，持续提升生态碳汇能力。统筹推进"山水林田湖草沙"系统治理，深入开展大规模国土绿化行动，持续实施三北、长江等防护林和天然林保护，东北黑土地保护，高标准农田建设，湿地保护修复，退耕还林还草，草原生态修复，京津风沙源治理，荒漠化、石漠化综合治理等重点工程。

四是，充分发挥市场机制作用，开展碳排放权交易试点工作，持续推进全国碳市场制度体系建设，启动全国碳市场上线交易，建立温室气体自愿减排交易机制。2012年，中国建立温室气体自愿减排交易机制。截至2021年9月30日，自愿减排交易累计成交量超过3.34亿吨二氧化碳当量，成交额逾29.51亿元。2021年7月16日，全国碳市场上线交易正式启动，纳入发电行业重点排放单位2162家，覆盖约45亿吨二氧化碳排放量，是全球规模最大的碳市场。截至2021年9月30日，全国碳市场碳排放配额累计成交量约1765万吨，累计成交金额约8.01亿元，市场运行总体平稳有序。

（3）绿色低碳转型发展不断取得新成效

一是，减污降碳协同效应凸显。2020年中国碳排放强度比2015年下降18.8%，超额完成"十三五"约束性目标，比2005年下降48.4%，超额完成了中国向国际社会承诺的到2020年下降40%~45%的目标，累计少排放二氧化碳约58亿吨，基本扭转了二氧化碳排放快速增长的局面。

二是，非化石能源快速发展。2020年，中国非化石能源占能源消费总量比例提高到15.9%，比2005年大幅提升了8.5个百分点；中国非化石能源发电装机总规模达到9.8亿千瓦，占总装机的比例达到44.7%，光伏和风电装机容量较2005年分别增加了3000多倍和200多倍。非化石能源发电量达2.6万亿千瓦时，占全社会用电量的比例达三分之一以上。

三是，能耗强度显著降低。2011~2020年中国能耗强度累计下降28.7%。截至2020年底，火电厂平均供电煤耗降至305.8克标煤/千瓦时，较2010年下降超过27克标煤/千瓦时，供电能耗降低使2020年火电行业相比2010年减少二氧化碳排放达3.7亿吨。

四是，能源消费结构向清洁低碳加速转化。2020年中国能源消费总量控制在50亿吨标准煤以内，煤炭占能源消费总量比例由2005年的72.4%下降至2020年的56.8%。中国超额完成"十三五"煤炭去产能、淘汰煤电落后产能目标任务，累计淘汰煤电落后产能4500万千瓦以上。截至2020年底，中国北方地区冬季清洁取暖率已提升到60%以上，京津冀及周边地区、汾渭平原累计完成散煤替代2500万户左右，削减散煤约5000万吨，据测算，相当于少排放二氧化碳约9200万吨。

五是，新能源产业蓬勃发展。中国新能源汽车生产和销售规模连续6年位居全球第一，截至2021年6月，新能源汽车保有量已达603万辆。截至2020年底，中国多晶硅、光伏电池、光伏组件等产品产量占全球总产量份额均位居全球第一，连续8年成为全球最大新增光伏市场；光伏产品出口到200多个国家和地区，降低了全球清洁能源使用成本；新型储能装机规模约330万千瓦，位居全球第一。

六是，生态系统碳汇能力明显提高。2010~2020年，中国实施退耕还林还草约1.08亿亩①。"十三五"期间，累计完成造林5.45亿亩、森林抚育6.37亿亩。2020年底，全国森林面积2.2亿公顷，全国森林覆盖率达到23.04%，草原综合植被覆盖度达到56.1%，湿地保护率达到50%以上，森林植被碳储备量91.86亿吨。

总的来说，在面临着发展经济、消除贫困和应对气候变化多重目标和压力下，中国积极推进减缓气候变化的政策，设定"双碳"目标，从多方面开展减排行动：调整经济结构，转变经济发展方式；大力倡导节约资源能源，提高资源能源利用效率；优化能源结构，鼓励可再生能源发展；植树造林增加碳汇等，取得了明显效果。目前，中国水电装机容量、核电在建规模、太阳能集热面积、风电装机容量、人工造林面积均居世界第一位，为减缓气候变化做出了积极贡献。

---

① 1亩≈666.67平方米。

1.4.3 世界其他国家减排目标和实现路径

（1）美国

美国已于 2005 年左右实现碳达峰，目前美国提出的碳减排与碳中和目标分别为：到 2030 年温室气体排放比 2005 年降低 50%～52%，到 2050 年实现碳中和的终极目标。拜登 2021 年就任美国总统后，美国重返巴黎气候协议，于 2021 年 4 月 21 日提出美国的自主贡献目标：2030 年温室气体排放比 2005 年降低 50%～52%。2021 年 11 月 1 日，美国发布《迈向 2050 年净零排放的长期战略》，公布了美国实现 2050 碳中和终极目标的时间节点与技术路径。在《迈向 2050 年净零排放的长期战略》中，美国计划在 2030 年实现碳排放比 2005 年下降 50%～52%；到 2035 年，实现 100% 清洁电力目标；到 2050 年，实现净零排放目标。

为实现 2050 净零排放目标，美国计划通过五个关键转型实现碳中和目标。一是，在 2035 年实现 100% 清洁电力目标，使电力完全脱碳。二是，推动汽车、建筑和工业等领域实现终端电气化与清洁能源替代。三是，通过更高效的设备、新老建筑的综合节能改造、和可持续制造等实现节约能源和提高能效的目标。四是，减少甲烷、氢氟碳化物、氧化亚氮等非二氧化碳的温室气体排放；并发起全球甲烷决心计划（Global Methane Pledge），设定了到 2030 年与参与国一起减少至少 30% 的全球甲烷排放的目标。五是，实施大规模土壤碳汇和工程除碳策略，发展规模化移除二氧化碳的手段。

（2）俄罗斯

俄罗斯总统普京于 2021 年 10 月在"俄罗斯能源周"上宣布"2060 年前实现碳中和"的目标。在 2021 年 11 月俄罗斯批准的《俄罗斯到 2050 年前实现温室气体低排放的社会经济发展战略》中，俄罗斯将在 2050 年前将温室气体净排放量减少 60%（以 2019 年为基准），并在 2060 年前实现碳中和。为实现碳中和，一是，减少化石燃料生产和运输，引入现代高效的石油开采系统；二是，继续开发多元的能源资源储备，提高天然气、氢气、氨气等低碳能源在能源结构中的比例；三是，通过经济技术的更新和基础设施的完善实现"碳中和"；四是，充分利用俄罗斯西伯利亚广阔的森林，制订包括提升森林碳汇能力的机制，增加温室气体吸收量。

（3）日本

日本于 2020 年底公布脱碳路线图草案，确认"2050 年实现净零排放"的总目标，并为海上风电、电动汽车等 14 个领域设定了不同的减排时间表，通过技术创新和绿色投资加速日本的低碳转型。为实现碳中和目标，首先，日本计划到 2035 年淘汰燃油车，在此期间逐步停售燃油车，加速降低电动汽车的成本，推广混合动力汽车和纯电动汽车。其次，设定清洁发电的目标，计划到 2050 年，可再生能源发电占比达 50% ~ 60%，同时还将最大限度地利用核能、氢、氨等清洁能源。再次，大力发展的海上风电，计划到 2030 年将海上风电装机增至 10 吉瓦、2040 年达到 30 ~ 45 吉瓦，并在 2030 ~ 2035 年大幅削减海上风电成本。最后，引入碳价机制，助力减排。

（4）英国

英国是最早开始"碳中和"实践的国家。2008 年，英国颁布《气候变化法》，成为世界上首个以法律形式明确中长期减排目标的国家。2019 年 6 月，英国新修订的《气候变化法》生效，确定了到 2050 年实现温室气体"净零排放"，即实现碳中和的目标。为实现碳中和目标，英国政府于 2020 年 11 月 18 日宣布"绿色工业革命"计划，通过大力发展海上风能、推进新一代核能研发和加速推广电动车等方式实现碳中和目标。2020 年 12 月 3 日，英国政府宣布最新的温室气体减排目标：与英国 1990 年的温室气体排放水平相比，计划到 2030 年将温室气体排放量至少降低 68%。

（5）德国

德国已于 1990 年已经实现"碳达峰"。目前，德国宣布实现碳中和的时间设定在 2045 年，比德国 2019 年首次提出的碳中和时间提前了 5 年。2019 年，德国颁布《气候保护法》，提出 2050 年实现碳中和的目标，明确了能源、工业、建筑、交通、农林等不同经济部门在 2020～2030 年的刚性年度减排目标。2020 年，出台《气候保护计划 2030》，构建了包括减排目标、措施、效果评估在内的法律机制，确立了六大重点领域的减排目标。2021 年，德国修订《气候保护法》，将实现"碳中和"目标的时间点提前到 2045 年，同时将 2030 年温室气体减排目标提高到 65%。

（6）法国

法国 2015 年首次提出"国家低碳战略"，颁布《绿色增长能源转型法》，公布了法国的绿色增长与能源转型计划。2020 年，法国颁布《国家低碳战略》法令，明确到 2050 年实现碳中和目标，并针对建筑、农林、废弃物等领域的减排政策措施，通过产业结构调整、高耗能材料替代、能源循环利用等方式实现碳中和目标。

（7）印度

印度是世界第三大温室气体排放国。印度总理莫迪于 2021 年 11 月宣布，印度计划于 2070 年实现碳中和。在实现碳中和之前，印度还承诺到 2030 年，印度的可再生能源发电产能目标从 450 吉瓦（GW）提高至 500 吉瓦，实现 50% 的可再生能源电力结构，并致力在 2030 年将碳强度（即单位 GDP 的二氧化碳排放）降低 45%。

最后，值得指出的是，尽管世界各国相继明确碳中和的时间及实现路径，但各国自主贡献的减排承诺仍然难以实现 2 摄氏度的控温目标。2021 年 9 月 17 日，《联合国气候变化框架公约》秘书处发布了关于国家自主贡献的综合报告。报告显示，根据所有 192 个缔约方的所有可用国家自主贡献，预计 2030 年全球温室气体排放量与 2010 年相比将大幅增加约 16%。按照这样的减排速度，到 21 世纪末，气温可能会上升约 2.7 摄氏度，与 IPCC 的 2 摄氏度控温目标相比，仍然存在很大的排放差距。应对气候变化，全球协作与各国和地区扎实落实，依然任重而道远。

第 2 章　气候变化对人类经济活动的影响

本章主要研究气候变化对人类经济活动的影响。我们分别从生产侧和消费侧选择了两类受气候变化影响大、与个人日常生活息息相关的活动——农业生产和家庭用能作为代表性的例子，定量评估气候变化对人类经济活动的影响。

本章的第一节以美国密西西比—密苏里河流域沿岸的土地为样本，评估了气候变化背景下流域沿岸各类农作物的单产变化和农业生产者的种植选择的变化。第二节转向气候变化对家庭用能行为影响的研究，分为两部分，第一部分关注受气温影响最大的家庭用能活动——取暖和制冷，以中国农村家庭为样本评估了气候变化对家庭取暖与制冷行为的影响；第二部分则聚焦家庭能源消费中最主要的电力消费，评估了气候变化对居民家庭电力消费的影响。

2.1　气候变化对农业生产的影响①

气候条件和自然地理条件是农业生产的重要基础，是农作物生长和生产的物质与能量来源。当前，全球气候变化以气候变暖为主要特征，同时伴有湿度、降水量等气候条件的变化，以及极端气候事件频率和强度的变化，对全球的农业生产产生重大影响。

---

① 本小节内容主要基于笔者于 2019 年发表在 *Environmental and Resource Economics* 上的学术论文：*Heat in the Heartland: Crop Yield and Coverage Response to Climate Change Along the Mississippi River*。

农业是国民经济的基础产业，农产品是人类的衣食之源。根据IPCC 的第五次评估报告，气候变化会对粮食生产产生不利影响，导致小麦和玉米每 10 年分别减产 1.9% 和 1.2%。同时，全球大部分贫困人口的生计依赖农业生产，气候变化通过影响农作物产量及粮食安全等问题影响贫困人口的生活，可能会加深已有的贫困并引发新的贫困。因此，气候变化对农业生产的影响会对全球范围的脱贫工作造成重大影响。当前，全球不同区域受气候变化的影响不同，研究表明，低纬度地区的一些农作物（如玉米和小麦）的产量会因气候变化而受损，而高纬度地区的一些农作物（如玉米、小麦和甜菜）的产量因气候变化而提高。

气候变化对农作物生产的影响可以分为两个效应。一方面，气候变化会影响农作物的单位面积产量，可以称之为气候变化对农作物生产的"单产效应"。大部分研究表明，气候变化会损害农作物的生产。根据 Schlenker 和 Roberts（2009）对气候变化对农作物产量的影响的估计，即使在最缓慢/最乐观的气候变暖情境下，到 21 世纪末，美国玉米和大豆的单产也会减少 30%~46%。Lobell 等（2011）对非洲的农业生产研究和 Chen 等（2016）对中国的农业生产研究也得出了相似的结论。

另一方面，气候变化除了直接影响农作物生产的"单产效应"以外，农业生产者也会根据农作物的单产变化和气候变化情况相应地调整农作物的种植面积和覆盖率，选择更适应新的气候环境的农作物，从而影响农作物的产量，这种效应称为"种植面积效应"。由于不同地区的土壤条件不同，即使面临相同的气候变化情况，农业生产者也可能选择不同的替代作物。另外，农作物种植面积的调整通常需要经过一定的时间才能完成，大多是在 5 年以内。

"单产效应"和"种植面积效应"相互叠加，总的净效应具有不确定性。"种植面积效应"既可能抵消"单产效应"对农作物产量的影响，也可能强化对农作物产量的影响。其中，"单产效应"主要受到气候条件的影响，而"种植面积效应"则是农业生产者的选择结果。当气候条件发生变化时，当前作物的单产改变，农业生产者的利润会受到影响。农业生产者基于当地的土壤条件，比较其他一些能够适应当地土壤条件和新的气候条件的备选农作物及当前种植的农作物的利润，如果备选农作物能比当前种植的农作物带来更多利润，农业生产者就会引入新作物，改变原有作物的种植面积。

本小节以美国密西西比—密苏里河流域的农业生产为例，探究气候变化对农作物生产的综合影响，综合考虑气候变化对农作物生产的"单产效应"和"种植面积效应"，测定对不同气候变化情境下农业生产者的作物种植选择策略，研究气候变化对不同农作物影响的"单产效应"和"种植面积效应"之间的抵消和叠加关系，并进一步估计不同情景下气候变化对农作物生产的净影响。

具体来讲，美国密西西比—密苏里河流域的农作物主要有玉米、大豆、棉花和水稻。其南部的气候条件较为温暖，主要种植玉米、大豆、棉花和水稻；其北部的气候条件较为寒冷，主要种植玉米和大豆。农业生产者的农作物是基于当地的土壤条件和气候特征而进行选择的结果。例如，流域南部温暖潮湿的区域大多种植棉花，而干旱地区则多种植小麦；流域中西部的潮湿地带常见的作物是玉米。根据流域沿岸常见的几种农作物的生长特性，如果仅考虑气候变化带来的气温变化，如气温变高，流域南部的棉花和水稻种植区域会向北扩张，大豆等一些短季作物会替代玉米等长季作物，且密西西比—密苏里河流域南部一些非耕种土地可能会转变为农业生产用地。

本小节研究利用美国密西西比—密苏里河流域沿岸的农业生产、土壤条件和气候变化数据，评估玉米、大豆、棉花和水稻等 4 种当地主要农作物在两种气候变化情景（分别为 A1B 和 A2，两种气候变化情景中的具体设定详见 Climate Wizard①）中的种植面积变化和单

---

① http://www.climatewizard.org.

产变化，并通过仿真模拟得到两种情景下气候变化对农作物产量的净影响。

本小节首先介绍美国密西西比—密苏里河流域沿岸的土地利用、土壤条件、天气、气候变化情景及农作物单位面积产量等基本情况，评估农作物种植面积和作物单产与其他各种决定因素之间的数量关系；然后分别模拟两种气候变化情景下流域内各区域农作物种植面积（覆盖率）和农作物单产变化情况；最后测算得到气候变化造成的农作物产量损失情况。

2.1.1　农业生产的基本条件和情况

2.1.1.1　主要农作物的种植分布

美国 Cropland Data Layer（CDL）数据库提供了本研究需要的密西西比—密苏里河流域沿岸的农作物种植区域分布数据，时间范围从2000年到2010年，覆盖流域沿岸6个州，分别包括北部的艾奥瓦州（IA）、威斯康星州（WI）、伊利诺伊州（IL）和南部的密苏里州（MO）、阿肯色州（AR）和密西西比州（MS）。主要农作物包括艾奥瓦州、威斯康星州和伊利诺伊州的玉米和大豆；密苏里州、阿肯色州和密西西比州的玉米、大豆、水稻和棉花。除此以外，流域沿岸还有部分非农作物土地和荒地，主要是牧场、森林、改良牧场等。农作物的种植分布情况用密布的 4km×4km 网格单元土地上各类农作物的覆盖率来体现。其中，主要农作物的覆盖率定义为主要农作物的种植面积除以农业用地面积。农业用地定义为流域沿岸该网格单元土地上主要农作物、其他作物、非农作物和荒地的总和面积。

图 2.1 显示了密西西比—密苏里河流域沿岸每个 4km×4km 网格单元土地上几类主要农作物的覆盖率，包括玉米、大豆、水稻和棉花。如图 2.1 所示，玉米主要种在较为寒冷的流域北部区域，大豆的种植

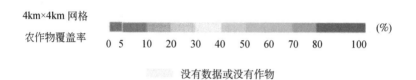

4km×4km 网格
农作物覆盖率

(%)

没有数据或没有作物

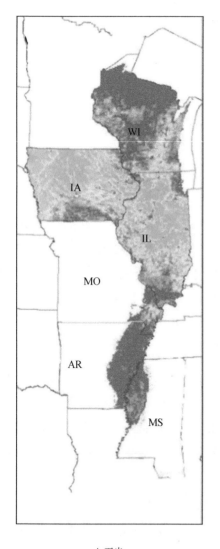

A.玉米

B.大豆

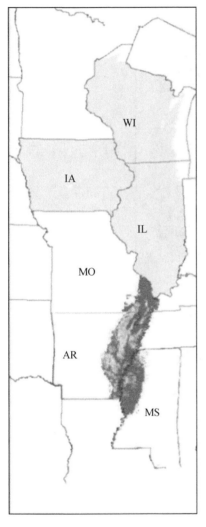

C.水稻

D.棉花

E.其他作物

图 2.1　密西西比—密苏里河流域农作物覆盖情况

注：图中展示的农作物覆盖率为 2001 ~ 2010 年的平均覆盖率

资料来源：Xie et al.，2019a

范围相对较广，水稻和棉花集中分布在流域南部密苏里州、阿肯色州和密西西比州的河流沿岸。2001 ~ 2010 年，玉米在北部三州（威斯康星州、艾奥瓦州和伊利诺伊州）农业用地的平均覆盖率是 27.5%，在

南部三州（密苏里州、阿肯色州和密西西比州）的平均覆盖率只有
5.5%。而大豆在流域北部和南部的平均覆盖率分别为 20.9% 和
29.4%。棉花和水稻在流域北部地区的种植面积非常少，在南部地区
的覆盖率分别为 10.3% 和 11.8%。

2.1.1.2　主要农作物的单位面积产量

单位面积产量数据来自美国农业部。玉米、大豆和棉花等旱地种
植的农作物，单位面积产量的定义是未灌溉产量除以未灌溉种植面积；
而对于必须灌溉的水稻，单位面积产量的定义是产量除以种植面积。

2.1.1.3　流域沿岸的土壤条件

密西西比—密苏里河流域沿岸的土壤情况数据来自美国农业部的
U. S. General Soil Map（STA TSGO2）。基础的土壤条件包括黏土、沙
子和粉土的百分比，持水量，pH，电导率，坡度，无霜期，地下水位
深度和限制层深度。另外，本研究还使用了美国农业部对土地条件的
评级数据——土地生产能力等级指数（Land Capacity Class，LCC）。土
地的 LCC 等级从 1 到 8，1 表示生产力最高的土地，农业生产受到的约
束限制最少；8 表示生产力最差的土地，8 级土地对农业生产的限制非
常大，几乎无法进行农业生产。LCC 可以为后文中的评估提供更多关
于土壤特性的信息，与基础的土壤条件数据相比，LCC 等级额外提供
了以往土地上的农产品产量信息，能够更好地对土地上的农业生产情
况进行解释。密西西比—密苏里河流域沿岸土地的 LCC 等级空间分布如
图 2.2 所示。从图 2.2 中可以看出，艾奥瓦州南部地区和威斯康星州的
大部分地区缺乏优质的农业生产用地，而在密苏里州和阿肯色州，适宜
农业生产的土地集中位于河流沿岸。与图 2.1 主要农作物的分布情况相
结合可以看到，玉米、大豆、水稻和棉花等几种主要农作物覆盖率较高
的地区，都是 LCC 等级较高、适宜农业生产的地区。

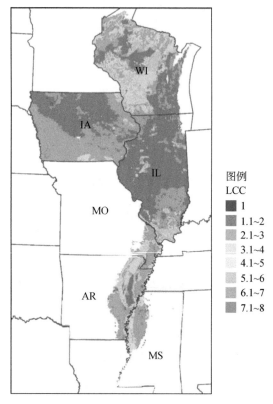

图 2.2　密西西比—密苏里河流域沿岸土地 LCC 评级情况

资料来源：Xie et al.，2019a

2.1.1.4　流域沿岸的气候

密西西比—密苏里河流域的天气数据来自 Schlenker 和 Roberts（2009）提供的经过预处理的 PRISM 天气数据，包括气温和降水量。每个作物年用两个时间段的天气数据——种植季（Planting Season，4~6月）和生长季（Growing Seasons，6~11月）。农业生产者在进行播种前，会根据种植季的天气情况调整种植。例如，如果春季较为寒冷潮湿，农业生产者往往会推迟种植，更愿意选择短季作物而不是长季作物。与长季作物——玉米相比，短季作物——大豆更能适应被延误的种植季，其生长更依赖阳光，可以帮助农业生产者弥补被延误的种植时间。所以，当种植季较晚时，农业生产者更愿意选择种植大豆。

图 2.3 显示了 2001～2010 年种植季（4～6 月）的气候情况和 2001～2010 年生长季（6～11 月）的平均气温和平均降水量。如图 2.3 所示，密西西比—密苏里河流域南部较为温暖，降水量较多。从威斯康星州最北部到密西西比州最南部，在从北到南横跨 1600 千米的土地上，生长季的平均气温逐渐从 9 摄氏度升高到 24 摄氏度。生长季的平均降水量的南北差异也较为明显，南部地区降水较多，平均降水量最高可达 170 毫米，北部地区降水量较少，低至 70 毫米左右。

相较于生长季的平均气温而言，度日数（Degree Days）更能代表作物生长所需要的气候条件，其表示气温高于给定温度阈值的小时数和气温低于给定温度阈值的小时数。在后文的分析中，我们将计算并使用每月的给定温度以上和给定温度以下的度日数向量作为气候条件的指标之一。

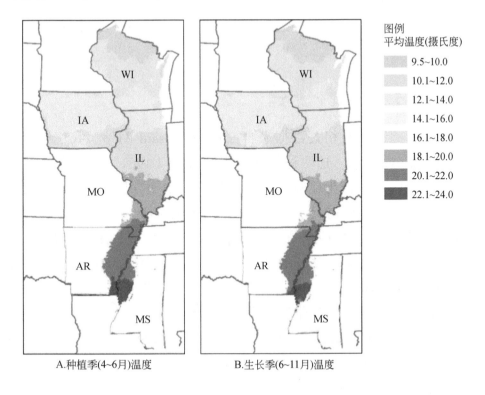

A.种植季(4~6月)温度　　　　B.生长季(6~11月)温度

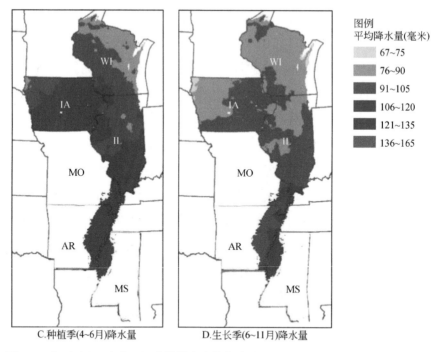

图例
平均降水量(毫米)
- 67~75
- 76~90
- 91~105
- 106~120
- 121~135
- 136~165

C.种植季(4~6月)降水量　　D.生长季(6~11月)降水量

图2.3　密西西比—密苏里河流域沿岸农作物种植季和生长季的月平均气温和降水量

资料来源：Xie et al.，2019a

2.1.1.5　气候变化情景

气候变化情景的相关数据来自 Climate Wizard 网站。我们选择了 A1B 情景和 A2 情景。这两种气候变化情景，以 1961~1990 年的平均气温和平均降水量作为比较基准，预测了到 21 世纪 80 年代平均气温和平均降水量的变化情况。图 2.4 显示了密西西比—密苏里河流域沿岸在这两种气候变化情境下的气温和降水量变化。在 A1B 情景中，密西西比—密苏里河流域北部的平均气温预计会上升 4.1 摄氏度，种植季的平均降水量增加 13.5 毫米，生长季的平均降水量增加 6.5 毫米；流域南部平均气温预计上升 3.7 摄氏度，种植季的平均降水量减少 2.2 毫米，生长季的平均降水量减少 2.43 毫米。A2 情景下的气候变化基本走向与 A1B 情景一致，与 A1B 情景相比，在 A2 情境下平均气温升高 0.6 摄氏度，平均降水量会减少 1 毫米。

种植季

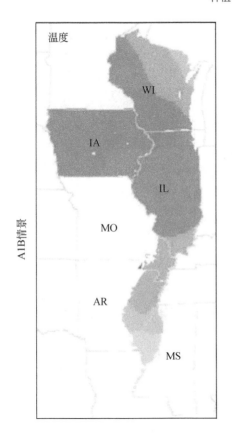

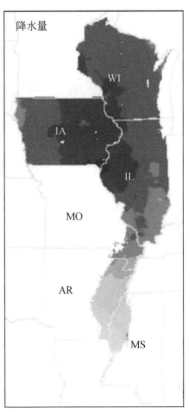

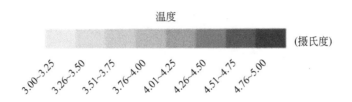

温度

(摄氏度)

3.00~3.25　3.26~3.50　3.51~3.75　3.76~4.00　4.01~4.25　4.26~4.50　4.51~4.75　4.76~5.00

生长季

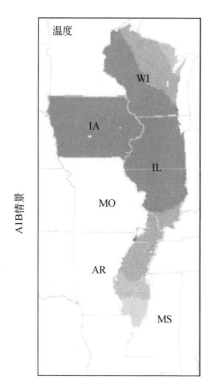
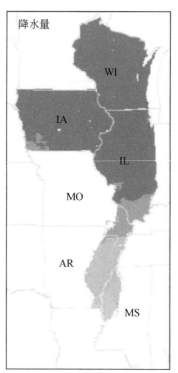

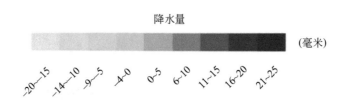

种植季

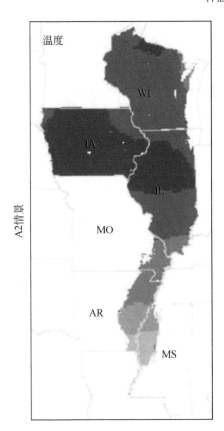
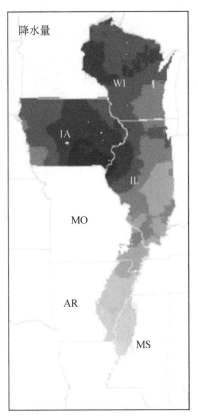

温度

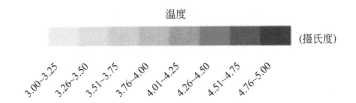

(摄氏度)

生长季

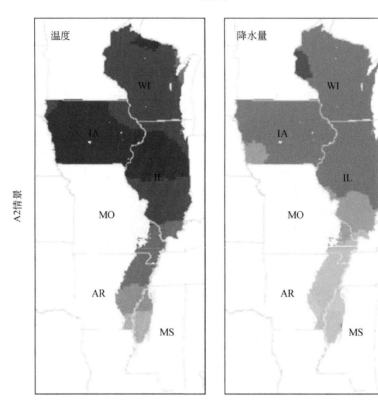

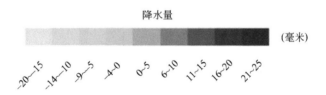

图 2.4　A1B 和 A2 两种气候变化情景下密西西比—密苏里河流域沿岸气温和降水量的变化

资料来源：Xie et al.，2019a

2.1.2　气候变化对农业生产的影响

利用作物覆盖率、单位面积产量、土壤条件和气候数据，本研究采用计量经济学的 Tobit 模型等评估方法，得到密西西比—密苏里河流域沿岸 6 个州共 312 个县每 4km×4km 网格里的主要农作物种植覆盖率、单位面积产量与当地的土壤条件、气温、降水量等变量之间的数量关系。根据评估获得的数量关系，将两种气候变化情景下气温和降水量代入，就能得到在不同气候变化情景下作物覆盖率和单位面积产量，与 2010 年各种农作物实际的覆盖率和单位面积产量相比较，即可获得气候变化对农作物单位面积产量和种植面积的影响。

2.1.2.1　气候变化对作物种植面积（覆盖率）的影响

（1）气候变化 A1B 情景

图 2.5 展示了在气候变化 A1B 情景下，到 21 世纪 80 年代末，几种主要农作物的覆盖率与 2010 年实际覆盖率相比的变化情况。

2010 年，玉米在密西西比—密苏里河流域北部三州的平均覆盖率为 27.5%，在气候变化的 A1B 情景下，研究结果显示，到 21 世纪 80 年代末，在密西西比—密苏里河流域北部三州，玉米的种植覆盖率平均减少了 9.4 个百分点，降低至 18.1%。其中，艾奥瓦州北部、中部及伊利诺伊州的密西西比河沿岸的玉米覆盖率下降最严重，这些地区也是 2010 年玉米种植最为密集、玉米覆盖率最高的地区；而在威斯康星州东北部，玉米的覆盖率会有所提高。玉米这种作物对高温敏感，所以在气候变化情景下，升高的气温会导致玉米的种植向北移动。2010 年密西西比—密苏里河流域北部三州大豆的平均覆盖率为 20.9%，在气候变化的 A1B 情景下，到 21 世纪 80 年代末，密西西比—密苏里河流域北部三州的大豆种植覆盖率平均降低了 6.3 个百分点，降低至 14.6%。气候变化基本没有改变密西西比—密苏里河流域北部三州玉米和大豆的种植比例，2010 年大豆与玉米的种植比例为 3∶4 左右，在气候变化 A1B 情景下，到 21 世纪 80 年代末，大豆与玉米的种植比例基本仍保持在 3∶4 左右。

在密西西比—密苏里河流域南部三州，气候变化几乎导致玉米种植消失，在气候变化 A1B 情景下，玉米的种植覆盖率从 2010 年的

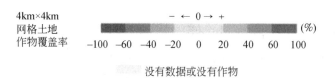

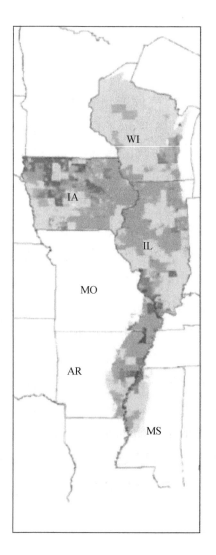

A.玉米　　　　　　　　　　　　　　　　B.大豆

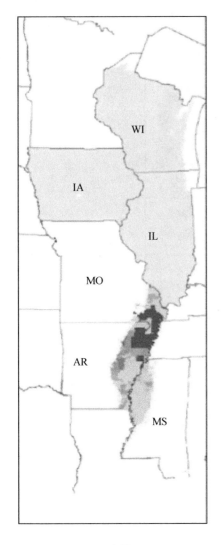

C.水稻

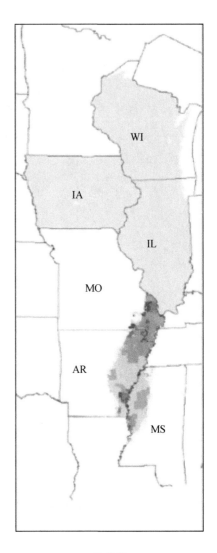

D.棉花

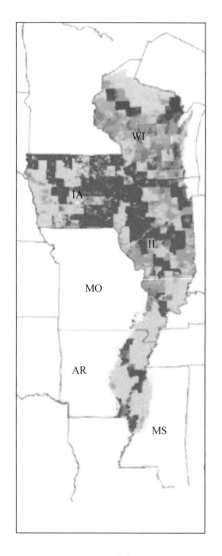

E.其他作物

图 2.5　气候变化 A1B 情景下密西西比—密苏里河流域沿岸主要农作物的种植覆盖率变化

资料来源：Xie et al.，2019a

5.5%下降到 21 世纪 80 年代末的 1%；大豆的种植覆盖率从 2010 年的
29.4%降低至 21 世纪 80 年代末的 14.5%。在气候变化 A1B 情景下，
水稻和棉花的种植覆盖率增加了。其中，水稻的种植覆盖率从 2010 年
的 10.3%增加到 21 世纪 80 年代末的 15.5%；棉花的种植覆盖率从

2010 年的 11.8% 增加到 21 世纪 80 年代末的 12.3%。在水稻和棉花的地理分布变化上，新增的水稻种植区域比新增的棉花种植区域更靠北。在气候变化 A1B 情景下，水稻种植面积的变化可能是因为水稻的种植原本就需要灌溉，因此不易受到气候变化导致的干旱的影响。

（2）气候变化 A2 情景

在气候变化的 A2 情景下，几种主要农作物的种植覆盖率变化情况如图 2.6 所示，基本变化走向与 A1B 情景下的变化一致，但变化幅度更大。

2.1.2.2　气候变化对农作物单位面积产量的影响

根据计量经济学模型定量分析所评估的农作物单位面积产量与土壤条件、气候条件等的数量关系，结合气候变化情境下气温和降水情况，在假定作物种植面积不变时，模型的评估结果显示气候变化会降低农作物的单位面积产量。

图 2.7 是预测的气候变化 A1B 情景下，21 世纪 80 年代末农作物单位面积产量与 2010 年实际单位面积产量相比受到气候变化的损害情况。如图 2.7 所示，只有威斯康星州的玉米和大豆的单位面积产量增加，其他地区的玉米和大豆的单位面积产量都降低了，且大豆单位面积产量提高的区域分布范围比玉米更广，覆盖了威斯康星州西南部和艾奥瓦州东北部。在密西西比—密苏里河流域南部三州，玉米和大豆的产量损失比北部更严重。如图所示，在作物种植覆盖率保持不变的情况下，在密西西比—密苏里河流域北部三州，到 21 世纪 80 年代末，玉米和大豆的单位面积产量会比 2010 年分别降低 20.3% 和 6.6%，而在密西西比—密苏里河流域南部三州，玉米和大豆的单产分别会降低了 83.1% 和 58.9%。对于密西西比—密苏里河流域南部三省种植的水稻和棉花，其单位面积产量也都在气候变化的影响下受到损失，气候变化导致水稻和棉花的单位面积产量分别下降了 18.2% 和 59.0%。

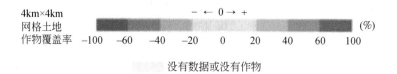

4km×4km
网格土地
作物覆盖率

没有数据或没有作物

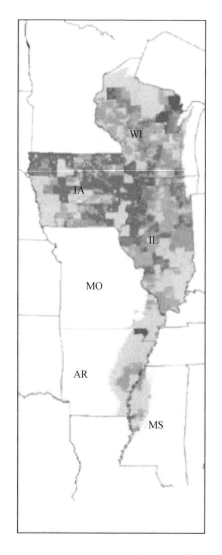

A.玉米

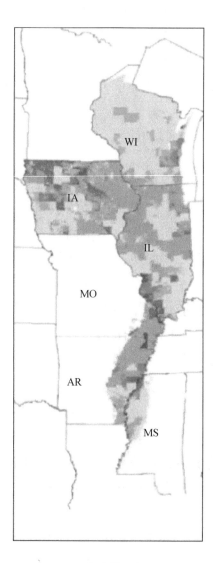

B.大豆

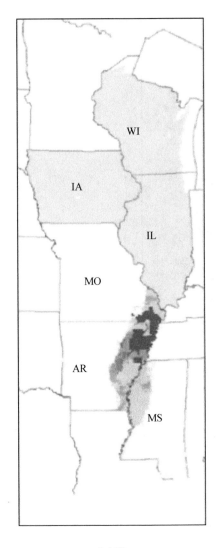

C.水稻

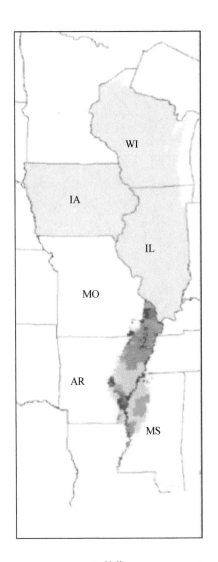

D.棉花

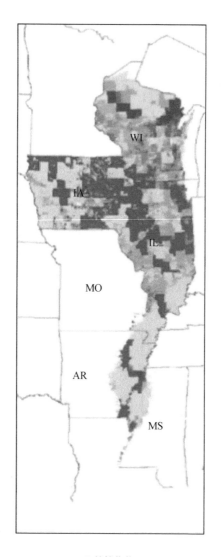

E.其他作物

图 2.6　气候变化 A2 情景下密西西比—密苏里河流域沿岸主要农作物的种植覆盖率变化

资料来源：Xie et al. , 2019a

4km×4km
网格土地
作物覆盖率

没有数据或没有作物

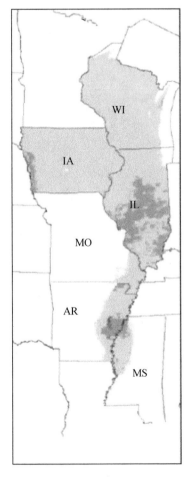

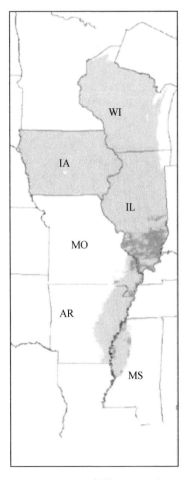

A.玉米

B.大豆

玉米(10万蒲式耳)

− ← 0 → +

−3.9 −2.6 −1.3　0　0.7　1.4　2.2

大豆(万蒲式耳)

− ← 0 → +

−8.5 −5.7 −2.8　0　2.2　4.5　6.7

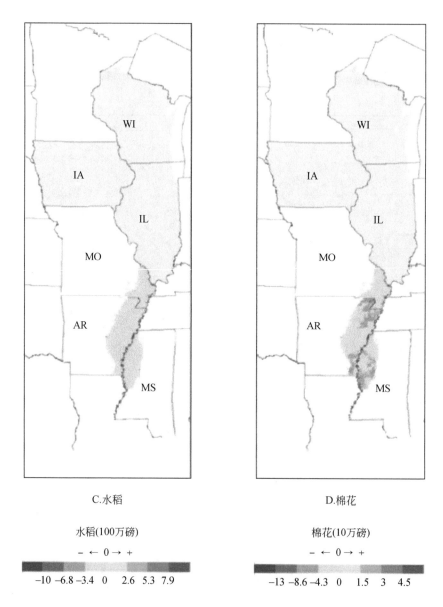

C.水稻   D.棉花

水稻(100万磅)   棉花(10万磅)

－ ← 0 → ＋   － ← 0 → ＋

−10 −6.8 −3.4 0 2.6 5.3 7.9   −13 −8.6 −4.3 0 1.5 3 4.5

图 2.7 气候变化 A1B 情景下密西西比—密苏里河流域沿岸主要农作物的单位面积产量变化

资料来源：Xie et al.，2019a

注：1 蒲式耳=27.216 千克；1 磅 ≈0.907 千克

将上述的"种植面积效应"和"单产效应"叠加，可测算得到气候变化对农作物总产量的"综合效应"，具体如图 2.8 所示。

4km×4km
网格土地
作物覆盖率　　　　没有数据或没有作物　　　A1B情景下的预测变化
　　　　　　　　　　　　　　　　　　　　　（温度、降水量）

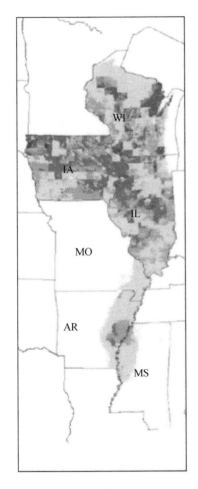

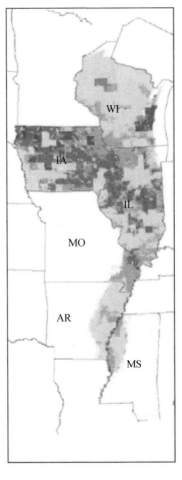

A.玉米

玉米(10万蒲式耳)

$- \leftarrow 0 \rightarrow +$

−3.9 −2.6 −1.3　0　0.7　1.4　2.2

B.大豆

大豆(万蒲式耳)

$- \leftarrow 0 \rightarrow +$

−8.5 −5.7 −2.8　0　2.2　4.5　6.7

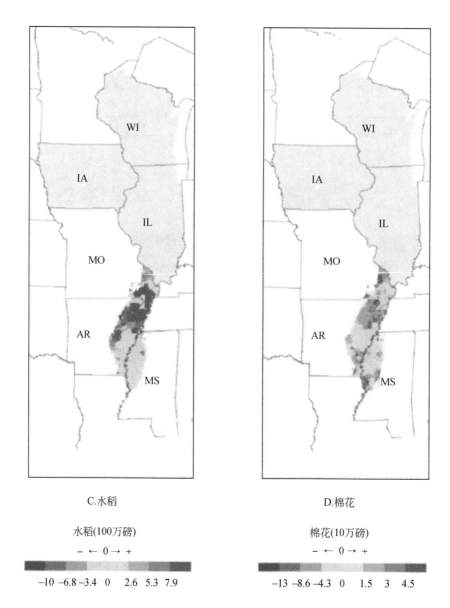

C.水稻

D.棉花

水稻(100万磅)

棉花(10万磅)

$-\leftarrow 0\rightarrow+$

$-\leftarrow 0\rightarrow+$

−10 −6.8 −3.4 0 2.6 5.3 7.9

−13 −8.6 −4.3 0 1.5 3 4.5

图2.8　气候变化 A1B 情景下密西西比—密苏里河流域沿岸主要农作物产量变化

资料来源：Xie et al., 2019a

在密西西比—密苏里河流域北部三州，气候变化对玉米产量的"单产效应"和"种植面积效应"相互叠加影响，使玉米的总产量降低了 42.4%，"综合效应"是"单产效应"的 2 倍左右。气候变化对于大豆的"单产效应"和"种植面积效应"相互叠加，使大豆的产量降低32.4%，"综合效应"是"单产效应"的5倍左右。在密西西比—密苏里河流域北部的农业生产中，多采用大豆—玉米轮作机制，所以玉米种植面积的减少会连带大豆种植面积的进一步减少。随着玉米种植面积的减少，大量的土地转为了除玉米和大豆以外的用途，包括草地、森林、湿地、苜蓿和其他作物。

在密西西比—密苏里河流域南部三州，玉米和大豆的"单产效应"和"种植面积效应"相互叠加，强化了气候变化对玉米和大豆生产带来的损害。在气候变化A1B情景中，到21世纪80年代末，气候变化导致玉米产量减少91.3%，玉米几乎完全退出了南部的农业生产，"综合效应"是"单产效应"的1.1倍。与密西西比—密苏里河流域北部的种植方法不同，密西西比—密苏里河流域南部并没有采用玉米—大豆轮作的机制，大豆的种植与玉米的种植相互独立，气候变化对大豆生产的"单产效应"和"种植面积效应"叠加的综合影响使大豆产量降低了73.8%，"综合效应"是"单产效应"的1.3倍。

而对于密西西比—密苏里河流域南部的水稻和棉花，气候变化降低了水稻和棉花的单位面积产量，但提高了水稻和棉花的种植覆盖率（也就是种植面积）。所以，"单产效应"和"种植面积效应"相互抵消。气候变化使水稻的单产降低了18.2%，但考虑到气候变化导致农业生产者扩大水稻种植面积后，气候变化水稻产量的综合影响是使水稻总产量提高了24.4%。对于棉花，气候变化使棉花单产降低了59.0%，但"种植面积效应"轻微地抵消了棉花所受到的负面影响，气候变化产生的"综合影响"使棉花的总产量降低了55.7%。

总的来说，气候变化一方面会损害农作物的单位面积产量，另一方面农业生产者会根据土地的基本条件、气候变化的情况，比较当前作物和备选作物或备选土地用途的收益，调整土地的用途和种植的作物种类，也就是说农业生产者会通过调整作物种植面积和土地用途适应气候变化。根据对美国密西西比—密苏里河流域农业生产对气候条件的应对行为的评估，气候变化会使玉米和大豆的种植面积和覆盖率降低，从而与气候变化产生的"单产效应"相互叠加，加剧了玉米和大豆因气候变化而导致的产量损失。而对于流域南部的水稻和棉花，虽然气候变化会损害其单位面积产量，但农业生产者可以选择增加水稻和棉花的种植面积，两种效应方向相反，相互抵消。综合来看，在气候变化的影响下，水稻和棉花的种植面积会增加，可全部抵消或部分抵消因气候变化造成的产量损失。

2.2 气候变化对家庭用能行为的影响

气候变化带给人类最直接、最直观的感受是气温和湿度的变化，气温和湿度带给人的体感温度变化会促使居民调整冬季和夏季的取暖与制冷，以维持周围环境保持在适宜的温度。例如，夏日的高温天气会促使家庭购置或更换制冷设备，并频繁地使用电风扇、空调等设备；冬季的低温天气会促使家庭购置或更换取暖设施，如燃煤锅炉、电暖炉、天然气锅炉、空调等，消耗更多的能源以维持适宜的室内温度。因此，气候变化会对家庭用能行为产生影响。一方面，气候变化会改变家庭取暖制冷的各类能源的使用量。另一方面，气候变化也会改变家庭在取暖和制冷中的能源选择，尤其是取暖行为，因为取暖的能源品种较为丰富，选择的空间较多，如柴薪、煤炭、天然气、电力等；而制冷设备的能源使用较为单一，多为电风扇、空调等家用电器。

根据学术界的过往研究，简单而言，气候变化使气温升高，在夏季会增加家庭的制冷用能，而在冬季则会减少家庭的取暖用能。在夏季的制冷用能方面，Miller（2008）发现，极端高温会增加家庭在夏季的用电量；Deschênes 和 Greenstone（2011）发现，在极端高温年份，美国家庭住宅的能源消耗量会急剧上升。而在冬季的取暖能源需求方面，Kaufmann 等（2013）研究发现，在气候变化情景下，随着美国马萨诸塞州平均气温的上升，家庭用于加热水的能源显著地减少了。综合来看，根据 Aebischer 等（2007）预测，到 2035 年，气候变化会使欧洲地区的家庭供暖和制冷能源消耗上升，带来更多的二氧化碳排放。

本小节利用中国家庭能源调查（Chinese Residential Energy Consumption Survey，CRECS）的微观调查数据和气象数据，从两个角度估计气候变化对家庭用能行为的影响：一是气候变化对中国农村家庭取暖制冷用能行为的影响；二是气候变化对居民用电量的影响。

2.2.1　气候变化对中国农村居民用能行为的影响

2.2.1.1　中国农村家庭取暖制冷用能情况

对中国农村家庭取暖和制冷用能的数据来自中国人民大学能源经济系的中国家庭能源消费调查 2014（CRECS 2014）。问卷调查了中国家庭 2014 年度的家庭基本情况和能源消费情况，覆盖中国 28 个省（自治区、直辖市，不包含西藏、海南、宁夏、香港、澳门和台湾）3863 户城乡居民。本节相关研究的评估和计算聚焦于样本中的 2083 户农村家庭。

中国家庭能源消费调查 2014 提供的数据显示，中国农村家庭的制冷能源选择较为单一，基本是电力制冷，使用的电器设备主要是电风扇和空调。而取暖用能则较为丰富，有电力、柴薪和煤炭等，使用的设备包括电暖炉、柴火炉、煤炉等。根据农村家庭取暖和制冷的能源选择，我们将样本家庭分为以下 4 种类型：①无取暖制冷能耗型；②"仅电力"取暖制冷型；③"柴薪+电力"取暖制冷型；④"煤炭+电力"取暖制冷型。在 2083 户农村家庭样本中，有 77 户农村家庭使用多种能源取暖，简单起见，在给家庭进行分类时，按照消费量最多的那一类取暖能源分入相应的类型。在 2083 户农村家庭样本中，约 54.25% 的农村家庭没有取暖和制冷的能源消耗记录；约 21.03% 的农村家庭仅使用电力取暖和制冷；约 9.89% 的家庭使用"柴薪+电力"

取暖制冷；约14.83%的家庭使用"煤炭+电力"取暖制冷。

表2.1展示了根据CRECS 2014数据计算的4类不同农村家庭的取暖制冷能源消费情况。其中，"仅电力"取暖制冷的农村家庭的平均电力消费量为36.31千克标准煤；"柴薪+电力"取暖和制冷的农村家庭平均的电力消费量是0.97千克标准煤，柴薪消费量是2053.06千克标准煤；"煤炭+电力"取暖制冷的农村家庭平均的电力消费量是4.95千克标准煤，煤炭消费量是714.02千克标准煤。不同地区的农村居民的能耗也有显著差别，在冬季较为寒冷的北方，农村家庭的取暖能耗较高；而在夏季较为炎热的南方地区，农村家庭的制冷能耗较多。

表2.1 CRECS 2014农村家庭户均取暖制冷能源消费量 （单位：千克标准煤）

户均取暖制冷能源消费量	电力消费量	柴薪消费量	煤炭消费量	样本量
仅电力	36.31	—	—	438
柴薪+电力	0.97	2 053.06	—	206
煤炭+电力	4.95	—	714.02	309
无取暖制冷能耗	—	—	—	1 130

家庭的取暖和制冷行为除了受到天气的影响外，还与家庭的人口统计学特征、住宅特征有关。CRECS 2014也收集了有关家庭和住宅特征的信息。其中，家庭有关信息包括家庭规模、家庭收入水平、户主受教育水平、户主年龄和户主民族成分等信息。住宅特征信息包括住宅窗户的玻璃结构、住房的建筑年代、住房面积等。

从表2.2中可以看出，在CRECS 2014的样本中，大多数户主的受教育水平为初中水平，家庭收入的差异很大，样本中的户主平均年龄为54岁，家庭平均有3口人，户主民族成分为汉族的占89.6%。与家庭取暖和制冷用能行为有关的一些住宅特征表现为：样本中农村家庭的平均住房面积为134平方米，多数住宅建造于2000～2010年，85.65%的样本家庭的窗户是单层玻璃结构。

表 2.2　主要变量的描述性统计

变量	样本均值	样本标准差	最小值	最大值	变量说明
户主受教育水平	3.75	2.34	1	13	分类变量，取值从 0 至 13，依次表示从未受教育到研究生及以上
户主年龄	54.29	15.54	0	100	—
家庭收入水平	43 182.5	105 150	0	4 000 000	单位：元
户主民族	0.9	0.3	0	1	汉族 = 1 / 其他民族 = 0
家庭规模	3.05	1.52	1	14	家庭成员数
住房的建筑年代	6.17	1.52	1	8	分类变量，1 至 8 分别代表 8 个时间段，其中，"1"表示住房建筑年代早于 1950 年，"2"表示 1950s，"3"表示 1960s，以此类推
窗户的玻璃结构	1.15	0.37	1	3	单层玻璃 = 1 / 双层玻璃 = 2 / 三层玻璃 = 3
住房面积	134.34	91.98	0	1 000	单位：平方米
居民用电价格	0.54	0.46	0.42	0.7	单位：元/千瓦时

2.2.1.2　中国的气象情况及气候变化情景

本章使用的气象数据来自中国国家气象信息中心（National Meteorological Information Center，NMIC）。NMIC 通过分布于全国的 839 个气象站采集并记录气象信息。根据样本家庭所在的县（市），选择距离该县（市）较近的几个气象站的气温和湿度数据，按照县城与气象站的距离的倒数加权，计算样本家庭周围环境的天气情况。为了更好地刻画与家庭取暖和制冷需求相关的气温特征，本章采用取暖度日数（Heating Degree Days，HDD）和制冷度日数（Cooling Degree Days，

CDD）描述家庭周围环境的气温特征。其中，取暖度日数（HDD）是指在一年当中日平均气温低于基础温度从而具有取暖需求时，气温低于65华氏度（18.3摄氏度）的累积度数；制冷度日数（CDD）是指一年当中日平均气温高于基础温度从而具有制冷需求时，气温高于65华氏度（18.3摄氏度）的累积度数。除了温度以外，湿度也是影响家庭取暖和制冷需求的重要气象因素，温度和湿度共同决定了体感温度，从而影响人的取暖和制冷需要。

如表2.3所示，CRECS 2014的样本农村家庭的平均取暖度日数（HDD）和制冷度日数（CDD）分别为2135.06摄氏度·天和923.8摄氏度·天。样本农村家庭2014年1月和7月周围环境的平均湿度分别为62.55%和75.78%。

表2.3 影响家庭取暖和制冷需求的气象因素描述性统计

气象因素	均值	标准差	最小值	最大值
HDD（摄氏度·天）	2 135.06	1 279.21	338.32	6 040.03
CDD（摄氏度·天）	923.8	457.61	39.48	2 359.16
1月的平均湿度（%）	62.55	12.02	32.09	84.57
7月的平均湿度（%）	75.78	6.53	56.61	85.63

Climate Wizard提供了未来气候变化预测的数据。根据Climate Wizard的CGCM 3.1（T47）模型，到21世纪中叶，HDD将会减少727.79摄氏度·天，CDD将会增加238.48摄氏度·天（与1961到1990年期间的平均HDD和CDD相比）。假设气候变化呈线性趋势，则从本章使用的样本数据的年份2014年到21世纪中叶，预计HDD将会减少363.89摄氏度·天，CDD将会增加119.24摄氏度·天。

2.2.1.3 中国农村家庭取暖制冷的能源选择和能源需求

在家庭选择取暖制冷能源类型时，人们会根据当地的气候条件、家庭成员和经济条件、住房的特征、各类能源的价格等因素，估算夏季和冬季的制冷与取暖需求，考虑各类能源取暖制冷的效果及成本、家庭的经济负担能力，综合比较各类能源取暖制冷的模式，选择更适合自己家庭情况的、能提供给家庭最多效用的能源类型。

根据模型估计结果，HDD 越高，农村家庭选择"无取暖制冷能耗"型和"仅电力"取暖制冷型能源模式的概率越低，选择"柴薪+电力"取暖制冷型或"煤炭+电力"取暖制冷型的概率越高，农村居民更倾向于选择"柴薪+电力""煤炭+电力"的取暖和制冷能源选择模式。

CDD 越高，农村家庭选择"无取暖制冷能源消耗"型能源模式的概率越高，选择其他三类能源模型的概率越低，反映出农村家庭对夏季越来越炎热的天气的反应，是倾向于选择不再消耗能源，而不是增加能源消费。城市家庭对炎热夏季的反应通常是增加空调的使用频率，从而增加了对电力的消费量。一个可能的解释是，许多农村家庭并没有空调，所以炎热的夏天也不会增加农村家庭的用电量。

此外，湿度通常会影响人的体感温度，从而影响取暖和制冷行为。根据模型的估计结果，随着冬季湿度（用 1 月的平均湿度代表）和夏季湿度（用 7 月的平均湿度代表）越高，家庭的取暖和制冷能源选择更倾向于"仅电力"取暖制冷型或者"无取暖制冷能耗"型的能源模式。具体来讲，夏季的湿度越高，农村家庭选择"仅电力"取暖制冷型能源模式的概率越高，选择"柴薪+电力"型能源模式或"煤炭+电力"型能源模式的概率越低。冬季的湿度越高，家庭选择"无取暖制冷能耗"型能源模式的概率越高，选择"煤炭+电力"型能源模式的概率越低。

家庭的住房特征也是家庭取暖制冷能源选择的重要决定因素。其中，住房的建筑年代是影响家庭取暖制冷能源模式的最主要因素。房屋越新，选择"仅电力"取暖制冷型能源模式的概率越高，选择"柴薪+电力"型能源模式或"煤炭+电力"型能源模式的概率越低。一般来讲，新建房屋说明家庭拥有较好的经济条件，所以会选择用空调来取暖制冷，从而选择了"仅电力"取暖制冷型能源模式。住房面积越大的家庭，选择"煤炭+电力"型能源模式的概率越高，选择"柴薪+电力"型能源模式的概率越低。

给定家庭选择的能源类型，我们继续评估家庭取暖制冷能源消费量的决定因素，分别评估了电力消费量、煤炭消费量和柴薪消费量的回归模型。家庭取暖制冷的电力消费量主要受到 CDD 和电价的影响，由于制冷的能源选择只有电力，所以当 CDD 提高，家庭的电力消费量会增加。而用于取暖的煤炭和柴薪，则主要受到 HDD 的影响，HDD 越高，家庭的煤炭和柴薪消费量越多。

2.2.1.4 气候变化对中国农村家庭用能行为的影响

气候变化对各类能源消费量的影响可以分解为两种效应：一种是通过改变家庭的能源选择；另一种是通过改变家庭的能源消费量。根据 Climate Wizard 提供的到 21 世纪中叶气候变化的预测，模拟结果发现，在取暖制冷的能源类型选择上，随着气候变化，HDD 减少和 CDD 增加，更多的家庭选择"无取暖制冷能耗"型能源模式，其他三种能源模式（"仅电力"取暖制冷型能源模式、"煤炭+电力"型能源模式、"柴薪+电力"型能源模式）的比例相应降低。能源消费量方面，HDD 的减少使农村家庭用于冬季取暖的煤炭和柴薪消耗量明显下降，而 CDD 的提高并没有增加过多的制冷的电力消费，从而导致总体取暖和制冷能源消费量降低。

需要注意的是，以上的评估结果是在假定家庭特征、住房特征、能源价格等条件保持不变，仅仅改变气候条件得到的模拟结果。在实际中，农村家庭收入、户主受教育程度、家庭住房特征、能源品的价格可能都会发生很大的变化。

随着我国经济的不断发展和乡村振兴战略的实施，农村家庭的实际收入将会不断增长。考虑到在能源选择模型中，收入对能源选择和能源消费量的系数为正，预计将会有越来越多的农村家庭开始在取暖和制冷方面消耗能源，所以农村家庭实际收入的增加将会一定程度上抵消上述模拟分析估计出的气候变化对能源消费的影响。

同时，随着电力体制改革的不断深入，近年来我国居民电价呈逐步上升趋势。根据农村家庭能源选择和能源消费的评估结果，居民用电价格上涨可能会增加农村家庭的用电负担，导致农村家庭的用电量下降。此外，近年来在农村地区推行的"煤改电""煤改气"等清洁取暖行动，将会对农村家庭的取暖制冷能源选择和消费产生巨大影响。

2.2.2 气候变化对居民电力消费的影响

气候变化使平均气温变高，夏季更加炎热，冬季更加温暖，因而在夏季需要消耗更多的能源制冷以维持适宜的温度。空调是应对炎热夏天最主要的制冷设备，电力是制冷的主要能源品种。本小节将聚焦气候变化对居民电力消费的影响，模拟到 21 世纪末气候变化对城镇和农村居民电力消费量的影响。

本小节基本思路与前几节一致，首先利用居民电力消费、气温等气候条件等数据评估家庭电力消费对气温的响应函数，然后将气候变化情景下的气象条件代入，计算得到气候变化情景下家庭的用电量。

关于气候变化对居民电力消费的影响，已有的研究发现，气候变化通过两个方面影响居民的电力消费量。其一是气候变化促使家庭购置空调等耗能的耐用品以适应气候变化，这种效应称为"扩展边际"（Extensive Margin），强调了空调等取暖制冷的耐用电器在居民应对气候变化中的重要性。例如 Sailor 和 Pavlova（2003）在估计气候变化对居民生活用电量的影响时，就关注了居民空调采购的长期调整，利用中国 39 个城市 1994～1996 年的空调市场数据，通过简单的线性回归，首次评估了居民生活用电量对气候变化的响应函数。Auffhammer（2014）发现，家庭对空调的采用既会受到收入水平的影响，也会受天气的影响。

其二是在既定的取暖制冷家用电器的条件下，气候变化对家用电器使用频率和使用量的影响，这种效应被称为"集约边际"（Intensive Margin）。Deschênes 和 Greenstone（2011）利用国家层面的年度面板数据，发现电力消费与气温之间存在经典的 U 型关系。Li 等（2019）利用家庭层面的电力消费数据，也发现了用电量与气温之间的 U 型关系。此外，Li 等（2019）通过研究用电量对温度的敏感程度与收入之间的关系，发现随着家庭收入的增加，家庭的电力消费会对寒冷更敏感。

以浙江省为例，我们评估了浙江省城乡居民的电力消费对气温的响应方程，结合对 21 世纪末该地区气候变化的预测，模拟气候变化情境下居民的用电量，从而量化气候变化对居民电力消费的影响。

2.2.2.1 浙江省城乡家庭电力消费及家庭基本特征

本小节用于评估家庭电力消费对气温的响应方程的样本数据主要来自浙江省家庭能源消费调查项目。该项目由中国人民大学应用经济学院和国家电网有限公司经济技术研究院联合开展，于 2018 年 7~8 月在浙江省开展抽样调查，收集了浙江省城乡家庭 2017 年度的各类信息，包括家庭的基本特征、住房特征、家用电器拥有情况、家庭的能源消费行为及家庭的电表号。调查采取分层抽样法，对浙江省的每个城市，从国家电网有限公司经济技术研究院提供的代表性农村村庄和城市社区样本的名单中随机选择一个或两个村庄和一个城市社区。调查共获得浙江省城乡家庭样本 1269 个，其中包括农村家庭样本 844 个，城市家庭样本 425 个。

我们根据抽样调查中获得的家庭电表号，从国网浙江省电力有限公司获得样本家庭的 2017 年的日电力消费数据，即 2017 年 1 月 1 日~12 月 31 日每日的电力消费量。经过数据的匹配和清理后，最终得到农村家庭有效样本 597 户，城镇家庭有效样本 126 户。与浙江省家庭能源消费调查的样本规模相比，本节估计和模拟中使用的样本规模减少主要是由于：①部分被抽样调查的家庭只是房屋的租户，或者与其他家庭共用电表，电网公司的电表记录的是共用电表的所有家庭的用电量数据,而并非该家庭的用电量数据,所以这些样本被剔除;②部分被调查的家庭不是当地的常住居民,一年中有6个月以上的时间没有电力消费,这些样本也被剔除;③本节的研究中还剔除了日用电量超过100千瓦时的样本家庭,因为这样的家庭大部分经营个体小餐馆或商店,其电力消费中的大部分用于生产性活动,而不是生活消费,不属于本节的研究和分析范围。

初步观察样本家庭的电力消费数据,按照家庭是否安装空调将样本家庭分为两类:"有空调"和"无空调",分别计算两类家庭日均用电量数据,在夏季(7月和8月)和冬季(1月、2月和12月)有空调家庭的日均用电量高于没有空调的家庭。所以,空调的采用会显著地影响居民用电量对气候变化的反应。

城镇和农村家庭的电力消费也存在显著的差别。根据样本数据,2017年,城镇家庭的日均用电量为13.64千瓦时,农村家庭的日均用电量为5.83千瓦时,城镇家庭的日均用电量是农村家庭的两倍多。

2.2.2.2 浙江省的气候条件和空气质量

我们从国家气象信息中心(NMIC)获得了位于浙江省内的气象站收集的2017年每日气象数据,包括当日的平均最高气温和最低气温、当日的累积降水量、日照时长、每日平均风速和最大风速的风向。按照"最小距离"的原则,样本家庭面临的气象环境由距离家庭所在地最近的气象站收集的气象数据来代表。

浙江省各城市空气质量的数据来自生态环境部的中国空气质量在线监测与分析平台。从该平台我们获得了浙江省每个城市每日的$PM_{2.5}$值,以此代表当地的空气质量。在回归方程评估中加入空气质量数据是因为,空气质量也会对家庭电力消费产生较大影响,当空气质量较差时,民众可能会尽量待在家中减少外出,并且需要使用空气净化器等来净化室内空气,导致家庭电力消费的增加。

2.2.2.3 气候变化情景

用于预测用电量的气候变化情景来自 NASA Earth Exchange Global Daily Downscaled Projections（NEX-GDDP）预测的 2090~2099 年平均的日气温。本节使用两种气候变化情景，分别为 RCP4.5 和 RCP8.5。在这两种气候变化情景下，高温天气的温度集中在 27~30 摄氏度；两种情景对低温天气的分布预测不同，RCP4.5 情景对低温天气的温度预测集中在 8~10 摄氏度，RCP8.5 情景对低温天气的预测集中在 9~11 摄氏度。

2.2.2.4 气候变化对家庭取暖制冷电力消费的影响

气温与家庭电力消费通常呈现经典的 U 型。在本节的模型估计中，为了更好地捕捉气温和家庭电力消费之间的非线性关系，我们将气温从高到低分成多个组，以虚拟变量引入到回归方程中。将家庭日用电量回归到日均气温、湿度、日照时长、$PM_{2.5}$ 值、风速、风向等气象条件，以及家庭的城乡分类、是否拥有空调、家庭面临的用电价格等能够影响家庭电力消费的因素上，获得家庭电力消费量的回归方程。家庭的收入、住房结构、个人的节能意识等因素虽然没有直接被包含在评估方程中，但这些因素在日用电量回归的面板数据中属于不随时间变化的固定效应，可以被评估模型中的个体固定效应所代表。

研究发现，气温对家庭日电力消费的影响呈现 U 型。对比城镇和农村家庭、有空调和无空调家庭的反应函数可以发现：①与无空调家庭相比，有空调家庭的日用电量对高温的反应更敏感，U 型曲线的斜率更陡峭，在高温天气，温度每增加 1 摄氏度，有空调家庭增加的用电量比无空调家庭更多；②城镇家庭与农村家庭相比，城镇家庭对温度更为敏感，U 型曲线的斜率更陡峭；③城镇家庭增加电力消费的临界温度较低，农村家庭增加电力消费的临界温度较高，城镇家庭在气温高于 24 摄氏度时即开始增加电力消费，但农村家庭在气温高于 27

摄氏度时才开始明显增加电力消费。

将 RCP4.5 和 RCP8.5 两种气候变化情景下的日均气温分布代入评估得到的四类家庭（城镇有空调、城镇无空调、农村有空调、农村无空调）的用电量对气温的反应函数中，从而得到四类家庭在气候变化情景下的日电力消费量。考虑到城镇家庭和农村家庭之间电力消费的显著差异、有空调和无空调家庭之间电力消费的显著差异，为了更精确地模拟到 21 世纪末气候变化情境下家庭的电力消费，本小节进一步添加了到 21 世纪末城镇化率和空调普及率的情景。

在基准场景中，参照《中国统计年鉴 2018》中浙江省的城乡人口比例，将基准情景中的城镇化率确定为 68%。根据抽样调查数据，2018 年，浙江省城镇家庭的空调普及率为 82.5%，农村家庭的空调普及率为 74.4%。在增长场景中，21 世纪末城镇化率水平参考 2018 年美国的城市化率（82.26%），设定为 80%；参考国际能源署 2019 年的研究报告 *The Future of Cooling in China*，到 21 世纪末城镇家庭的空调普及率设定为 95%，农村家庭的空调普及率设定为 85%。

在不同的气候变化情景、城镇化水平和空调普及率情景下代表性家庭的用电量模拟结果显示：在气候变化 RCP4.5 情景下，城镇化使代表性家庭年用电量增加 3.02%，使代表性家庭的夏季用电量增加 4.5%；加入空调普及率后的变化情景，预计代表性家庭全年的用电量增长 3.57%，夏季用电量增长 7.39%。在气候变化 RCP8.5 情景下，城镇化使代表性家庭年用电量增加 3.35%，使代表性家庭的夏季用电量增加 5.37%；加入空调普及率后的变化情景，预计代表性家庭全年的用电量增长 4.36%，夏季用电量增长 8.31%。

第 3 章　降低能源消费　减缓气候变化

为了应对全球气候变化给人类经济和社会带来的不利影响，人类社会开始为降低二氧化碳排放做出行动。本章分别定量地评估了这些减排行动的效果。第一节介绍了提高化石能源利用效率的方式，以中国的火电作为研究能源效率的小切口，定量评估了改革政策提高能源效率的效果。第二节分别以中国的风电、光伏政策和美国的生物质能政策为例，估计了非化石能源政策的效果及减排收益。第三节以中国北方的"煤改电""煤改气"等清洁取暖政策为例，测算了政策干预下能源结构的变化及所取得的减排收益。第四节估计了城镇化、公共交通对能源消费和碳排放的影响。第五节以加利福尼亚州的减排政策为例，介绍了一个研究气候变化政策的理论模型。

3.1　提高化石能源利用效率

化石能源消费是全球温室气体的主要来源之一。根据 IPCC 第五次评估报告，1970～2010 年期间化石燃料燃烧和工业生产过程排放的二氧化碳排放量占温室气体总排放量的 78%。2010 年，与化石燃料相关的二氧化碳排放量达到 320 亿吨二氧化碳当量，约占 2010 年人为温室气体排放总量（490 亿吨二氧化碳当量）的 65.3%。而在煤炭、石油、天然气等化石能源中，煤炭的消费是中国二氧化碳排放的主要来源。根据世界银行统计数据，2016 年煤炭消费贡献了中国二氧化碳排放总量的 70.3%，其中约有一半的煤炭用于发电行业的中间消费。因此电力行业成为减排关注的重点行业。

　　作为化石能源消费的"主力军"和电能生产的主要来源，火电燃煤机组平均效率的提高会对碳排放产生很大影响（刘竹，2015）。能源经济学中通常使用供电标准煤耗进行度量，供电标准煤耗越高，煤炭使用效率越低。在发电量和电源结构不变的条件下，燃煤机组的度电煤耗直接决定发电机组的二氧化碳排放。近年来，中国燃煤机组的发电效率不断提高，千瓦时电煤耗持续下降（图 3.1），2020 年中国 6000 千瓦及以上电厂的平均供电标准煤耗为 305.5 克/千瓦时；但与日本等发达国家（2014 年为 298 克/千瓦时）相比，还存在一定的差距。

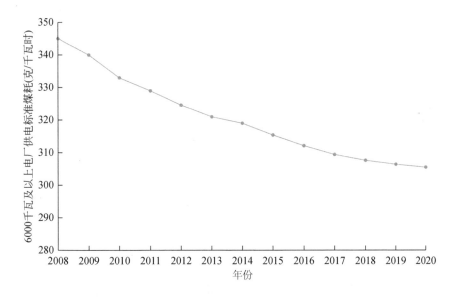

图 3.1　我国 6000 千瓦及以上电厂供电标准煤耗

　　我国火电煤耗高的很大一部分原因在于发电计划配置的"平均主义"。火电行业整体的能源效率和碳排放由各燃煤机组的能源效率和发电小时数在机组间的分配这两个因素决定。2006 年，由国家电力监管委员会（以下简称"电监会"）、国家发展和改革委员会、中国电力企业联合会（以下简称"中电联"）等部门联合开展的电力节能调研发现，我国对各类发电机组采取平均分配发电量的调度模式十分普遍，即不考虑发电机组的容量、资源类型等差异，平均地分配发电负荷的现象。如图3.2所示，供电标准煤耗与发电设备平均利用小时数之间没有显著的相关性，说明在发电设备利用小时的分配中，供电标准煤耗并非主要的考虑因素。

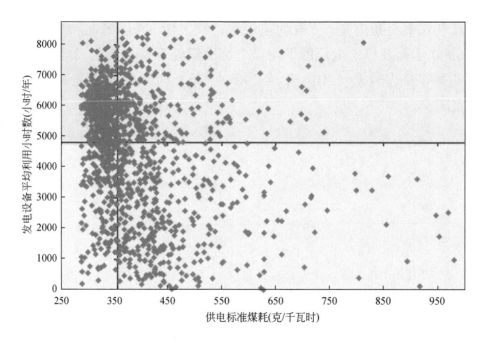

图3.2　我国电力机组效率与平均发电小时数（2011年度）

数据来源：《2011年电力工业统计资料汇编》

为了提高行业整体的发电效率，能源效率高的发电机组应该优先发电而且分配到更多的发电利用小时数。然而，我国电力行业长期实行的是"单一安全发供电"机制，与效率原则的市场机制不同，"单一安全发供电"的发电小时分配机制遵循安全性、公平性的原则，以行政计划方式在机组之间平均分配发电利用小时数，实施"发电配额制度"，导致行业整体的能源效率较高，从而产生更多的二氧化碳和污染物排放。2002 年我国进行了第一次电力体制改革，打破了电力行业"发、输、配、售"的垂直一体化结构，为发电领域竞价上网扫除了体制障碍。但是，改革后发电企业仍由中央国有企业和地方国有企业绝对控股，电力调度计划仍由各省级地方政府自主制定（朱成章，2014），发电量计划分配机制并未得到实质改变。

我国火电煤耗较高的另一部分原因在于严重的省际壁垒。在 2015年《关于进一步深化电力体制改革的若干意见》（中发〔2015〕9 号）文件下发之前，电力平衡以省为单位，每年由各省经济和信息化委员会同电网公司根据电量预测，制订本省发电机组发电计划，只有当省内发电无法满足省内需求时，缺电省份和电力富裕省份之间才出现电力交易。2014 年，全国跨省交易电力仅占全国电力需求总量的 16%。这些割裂的、碎片化的省级电力市场，一方面限制了电网吸收消纳可再生能源的能力与负荷峰谷保障能力；另一方面，严重降低了电力资源在省际的优化配置效率，使电力市场出现了"倒挂"现象。

3.1.1 提高化石能源利用效率的方式

从"十一五"开始，国务院制定和发布了一系列促进节能减排的政策措施，各地区、各部门也相继做出了工作部署。2006 年，为提高能源利用效率，节约资源，降低污染物排放，国家发展和改革委员会、国土资源部、铁道部、交通部等部门下发了《关于加快电力工业结构调整促进健康有序发展有关工作的通知》；2007 年，国家发展和改革委员会、国家环境保护总局、电监会等部门联合发布《节能发电调度办法（试行）》。这些文件对节能发电调度试点地区，要求逐步调整发电调度规则，实现节能、环保、经济的电力调度，优先安排低能耗机组发电，将更多的发电利用小时数分配至低能耗、低污染机组；对于非试点地区，要求全面推行差别电量计划，实施"上大压小"，鼓励高效机组多发电、抑制小火电机组生存空间。以山西省为例，2007 年开始山西省经济和信息化委员会制订了省调的发电企业发电量调控目标：①实施"上大压小"，发电机组每相差一个级别单机容量对应的发电基准利用小时数相差50小时。②实行奖优罚劣，奖励低于全省平均供电标准煤耗5%（10%）的机组1%（2%）的基准利用小时数；扣减高于全省平均供电标准煤耗10%（15%）的机组5%（10%）的基准利用小时数，扣减高于20%以上的机组15%的基准利用小时。③向脱硫和空冷机组倾斜，对已安装脱硫设备的机组增加50小时，空冷机组增加100小时。④确定不同调度规则，在电力供不应求时，按照机组供电标准煤耗"先低后高"的原则，增加相应机组的发电小时数；在电力供大于求时，按照机组供电标准煤耗"先高后低"的原则，扣减相应机组的发电小时数。

除了发电调度和基础电量的分配，2008年，电监会还出台了《发电权交易监管暂行办法》，通过"以大代小"等方式转让发电权电量，促进高效机组替代低效机组。节能减排政策，就理论而言，可实现竞争市场的分配结果，通过分配低能耗、低污染的发电企业更多的发电利用小时数，可以提高电力行业能源效率，降低污染排放。但是，我国发电量分配的本质仍是计划分配，节能减排政策的实际实施会出现各种问题。例如，"上大压小"大大挤压了小火电厂的生存空间；利益调整的经济补偿问题可能对政策推广造成阻碍；各省按年度计划方式分配上网电量，计划制定可能存在不透明、不公平的现象，影响政策实施效果；行政力量过多干预，发电量分配由政府部门主导，导致发电企业无法及时调整发电量计划，企业积极性难以调动，政策效果可能大打折扣。

本小节以2013~2014年中国统调口径的火电企业为基本研究单元，利用企业层面数据，研究节能减排政策对我国火电企业发电量分配的影响，对节能减排政策下我国发电量分配方式的有效性进行分析和探讨，对发电量分配与企业效率的关系进行实证检验。其中，统调发电企业是指设于省级及以上电网企业的调度机构直接调度的电厂，其中省级及以上电网企业指国家电网有限公司及其所属的五大区域电网公司和 27 家省级电网企业、中国南方电网有限责任公司及其所属的 7 家省级电网公司、内蒙古电力（集团）有限责任公司、陕西地方电力（集团）有限公司。

　　通过将样本中的火电企业发电利用小时数以供电标准煤耗为标准进行分组（表 3.1），可以发现，供电标准煤耗低的组具有更多的平均发电利用小时数，这在一定程度上体现了发电量向高能效发电企业倾斜的意图。

表 3.1　按供电煤耗分组的发电利用小时数

按煤耗分组		描述性统计		
分位点	供电标准煤耗	样本量	平均发电小时数	中位发电小时数
最低 20%	≤308.21	145	4 718	4 860
20%	(308.21, 320.62]	145	4 553	4 687
20%	(320.62, 329.99]	144	4 390	4 658
20%	(329.99, 342.79]	144	4 237	4 389
最高 20%	>342.79	145	4 063	4 241

　　为了探寻节能减排政策对发电企业获得的发电利用小时数的影响，本小节采用计量经济学的方法，将发电企业的实际发电利用小时数对能效指标进行回归，研究节能减排效应对发电量分配影响。回归方程中还加入了其他影响发电小时数的因素，例如平均设备容量、其他污染物的排放绩效、发电企业所属集团、发电企业的资产总额、从业人数、地区和时间的固定效应等。其中，发电企业所属集团的变量是衡量发电企业和政府关系的代理变量，由于我国的发电计划由地方政府分配，因此计量回归中本小节将发电企业所属集团中国有背景强大的"五大集团"和"四小豪门"的 9 家发电集团，包括华能、大唐、华电、国电、中电投、神华、华润、国投和新力单独列出，以研究控制集团效应对发电量分配的影响。

　　计量回归方程如下：

$$\ln \text{Power}_{ij} = \beta_0 + \beta_1 \ln \text{Capacity}_{ij} + \beta_2 \text{Energy}_{ij} + \beta_3 \text{Pollutants}_{ij} + \beta_4 \text{Group}_{ij}$$
$$+ \beta_5 \text{Size}_{ij} + \beta_6 \text{Dispatch}_{ij} + \beta_7 \text{Prov}_{ij} + \beta_8 \text{Year}_i \qquad (1)$$
$$\ln \text{PHour}_{ij} = \beta_0 + \beta_1 \ln \text{Capacity}_{ij} + \beta_2 \text{Energy}_{ij} + \beta_3 \text{Pollutants}_{ij} + \beta_4 \text{Group}_{ij} + \beta_5 \text{Size}_{ij}$$
$$+ \beta_6 \text{Dispatch}_{ij} + \beta_7 \text{Prov}_{ij} + \beta_8 \text{Year}_i \qquad (2)$$

式中，Power_{ij} 表示第 i 年第 j 个发电企业的上网电量；PHour_{ij} 表示第 i 年第 j 个发电企业的发电利用小时数；Capacity_{ij} 度量的是发电企业平均设备容量；Energy_{ij} 衡量的是煤炭使用效率，即电厂的供电标准煤耗；Pollutants_{ij} 衡量的是污染物排放水平，用污染物排放绩效进行度量，排放绩效是环境保护部门为保护环境而设立的污染物排放指标，即每发 1 千瓦电排放的污染物量，我们选取了二氧化硫和氮氧化物两种空气污染物；Group_{ij} 衡量的是发电企业所属集团；Size_{ij} 衡量的是发电企业规模，我们从资本和劳动力的角度，选取资产总数和从业人数作为代理变量；Dispatch_{ij} 衡量的是电厂调度属性，用于控制企业聚类效应；Prov_{ij} 表示省份；Year_i 表示年份。数据的回归结果如表 3.2 所示。

表 3.2 回归结果

模型	发电小时数 (1)	发电小时数 (2)	上网电量 (3)	发电小时数 (4)	发电小时数 (5)
平均设备容量	0.0369 **	−0.00591	0.955 ***		
供电标准煤耗	−0.00153 **	−0.00139 **	−0.00139 **	−0.00174 ***	−0.000965 *
SO_2 排放绩效		−0.0738 ***	−0.0738 ***		−0.0726 ***
NO_x 排放绩效		−0.0344 ***	−0.0344 ***		−0.0304 ***
华能	0.0955 **	0.0997 **	0.0997 **	0.103 **	0.0982 **
大唐	−0.0192	−0.0109	−0.0109	−0.0123	−0.00723
华电	0.0222	0.0535 ***	0.0535 ***	0.0323 **	0.0591 ***
国电	0.0129	0.0132	0.0132	0.0257	0.0208
中电投	0.0621 ***	0.0709 ***	0.0709 ***	0.0677 ***	0.0803 ***
神华	0.165 ***	0.139 ***	0.139 ***	0.165 ***	0.134 ***
华润	0.151 ***	0.151 ***	0.151 ***	0.165 ***	0.161 ***
国投	0.0171	−0.0190	−0.0190	0.0381	−0.0129

续表

模型	发电小时数 （1）	发电小时数 （2）	上网电量 （3）	发电小时数 （4）	发电小时数 （5）
新力	−0.0783***	−0.0642***	−0.0642***	−0.0279***	−0.0517***
资产总数				0.00128**	0.000864*
从业人数	−0.0205*	0.00245	0.00245	−0.0134	−0.00532
常数	8.446***	8.611***	8.611***	8.613***	8.465***
电厂调度	是	是	是	是	是
省份	是	是	是	是	是
年份	是	是	是	是	是
样本量	723	723	723	723	723
R^2	0.205	0.230	0.887	0.206	0.232

注：回归中输出的是电厂调度类型聚类稳健标准差；显著水平为：$***p<0.01$，$**p<0.05$，$*p<0.1$

数据的回归结果显示，节能减排政策对发电量分配起到了影响作用。能耗指标的加入确实提升了模型对发电小时数的解释力，这在一定程度上说明节能减排政策确实对发电量分配起作用，供电标准煤耗每降低1个单位可以增加0.14%发电利用小时数。目前，我国节能减排政策对鼓励高效率火电企业多发电已经初见成效，但是对抑制低效率火电企业发电的力度还有待提高。

3.1.2 提高能源利用效率的减排效果

为提高发电计划的配置效率，2015年新一轮电力体制改革制定了多项措施，以促进高效率燃煤机组替代低效率机组，提高火电行业整体的能源效率，减少二氧化碳排放：一是建立优先发电制度，高效节能、超低排放的燃煤机组被列为二级优先保障；二是在售电侧优先开放能效高、排放低、节水型的发电企业及单位能耗、环保排放符合国家标准和产业政策的用户参与交易，超低排放的燃煤机组优先参与直接交易。通过以上措施，供电煤耗低的高效率机组可以在燃煤成本上获得比较优势，从而获得更多的市场。

但是，燃煤机组的发电成本不仅包括发电煤耗代表的燃料成本，还取决于其他成本，如财务成本。2005 年 2 月《京都议定书》的签订使得火力发电企业的环保成本不断增加，为了适应不断提高的环保标准及效率要求，火力发电公司需要保持机组的技术改造和升级换代。因此，各大发电企业当前的高效率机组往往是技术先进的新机组，这也意味着它们的财务成本较高。

由于投运时间较早的机组装机容量较小，能源效率越低；而投运时间越新的机组装机容量越大，能源效率越高，财务成本也往往随之增加。因此在新一轮电力体制改革的市场安排中，有可能出现低效率机组的综合成本较低，在市场竞争中胜出高效率机组的情况。为了改变这种情况，就需要采取其他政策加以修正，如抬高煤价或增加碳税。当煤价提升时，所有燃煤机组（高效率和低效率）的成本都会提高。但相较于低效率机组，高效率机组由于供电煤耗低，综合成本的上升幅度较小。或者，当碳税等达到一定高度时，低效率机组的综合成本（煤耗成本和财务成本）会超过高效率机组，实现高效率机组通过市场竞争胜出，实现提高化石能源利用效率的目标。

我们做一个假设——新一轮电力体制改革实现了高效率燃煤机组对低效率机组的替换，本小节使用 2011 年全国规模以上燃煤机组数据来评估新一轮电力体制改革带来的减排效果。我们分别考虑五种不同的替换情景，根据低效率燃煤机组和高效率机组的煤耗差异和两种主要的用于发电的煤炭（褐煤和无烟煤）的碳排放因子，分别计算五种情景①下新一轮电力体制改革的减排效果。

测算使用的平均二氧化碳排放因子为 2.39（单位：千克碳/千克煤）。计算结果表明，如果有 10% 的低效率机组的发电小时数被高效率机组替代，能够减少 800 万吨煤炭使用量；如果所有的低效率机组发电小时数都被高效率机组替代，能够减少 6400 万吨煤炭消费

① 五种情景分别为效率最低的 10%、20%、30%、40% 及所有低效率机组被效率最高的 10%、20%、30%、40% 和所有高效率机组取代。

量。那么，相应的二氧化碳减排量为 1900 万 ~ 1.52 亿吨，相当于 2015 年中国碳排放总量的 0.2% ~ 1.7%，同年全球碳排放总量的 0.06% ~ 0.5%。

3.2　鼓励发展非化石能源

能源的使用与气候变化密切相关。根据 IPCC 第五次评估报告的综合报告，化石能源消费产生的二氧化碳排放占全球温室气体排放的 65%。因此，发展可再生能源，替代化石能源，成为全球二氧化碳减排的重要战略。为降低化石能源消费带来的二氧化碳及其他温室气体排放，缓解气候变化，实现可持续发展，多数国家都选择大力开发和利用风能、太阳能等可再生能源。例如，欧盟要求到 2030 年可再生能源在能源消费中的比例必须超过 27%；英国要求电力供应商将可再生能源的比例从 2005 ~ 2006 年的 5.5% 提高到 2015 ~ 2016 年的 15.4%；丹麦对海上风力发电实施价格激励措施，对生物质能发电实行了财政激励措施（Feng and Yang，2008）；一些发展中国家如印度、巴西和南非等已经宣布承诺发展清洁煤炭发电技术，推广可再生能源，提高能源利用效率（Yu，2008）。

作为全球碳排放大国，为保障经济社会的长期可持续发展，我国一直积极采取措施减少二氧化碳排放。其中，发电行业是碳减排的重点行业。一直以来，我国在持续不断地提高煤炭清洁高效利用，在降低煤炭在一次能源消费中占比的同时，大力发展以风电和光伏发电为主的可再生能源。2006 年 1 月 1 日起实施的《可再生能源法》，提出通过"建立可再生能源发展基金"，对风电和光伏发电等可再生能源发电进行上网电价补贴，并实行"可再生能源发电全额保障性收购制度"，以促进可再生能源的发展。从 2006 年 6 月开始，全国销售电价征收每千瓦时 0.1 分的可再生能源电价附加，以补贴可再生能源发电项目的上网电价高于当地燃煤机组标杆上网电价的差额。2007 年，我国颁布《可再生能源中长期发展规划》，提出到 2020 年风电装机达到 3000 万千瓦，光伏装机 180 万千瓦，非化石能源占一次能源消费总量达到 15% 的可再生能源发展目标。自此，我国的风电和光伏等可再生能源迅猛发展。

本节主要介绍自 2006 年以来为推动风电和光伏发展的相关政策及可再生能源的高速发展情况，并测算可再生能源替代煤电可获得的减排效益。

3.2.1 可再生能源补贴政策及发展现状

为了弥补可再生能源的高成本，我国逐步形成了以价格补贴（标杆电价）为主，直接补贴、贴息贷款、税收优惠为辅的新能源产业发展补贴政策体系。

3.2.1.1 风电补贴政策

为了促进风电装机的发展，国家发展和改革委员会在 2009 年 7 月发布《国家发展和改革委员会关于完善风力发电上网电价政策的通知》，基于风能资源区制定陆上风电固定标杆上网电价补贴政策。在固定标杆上网电价补贴政策下，全国根据风能资源和工程建设条件划分为四类风能资源区，各资源区风电上网价格分别为每千瓦时 0.51 元、0.54 元、0.58 元和 0.61 元，当地省级电网收购风电时，上网电价在当地脱硫燃煤机组标杆上网电价以内的部分，由当地省级电网负担，并随脱硫燃煤机组标杆上网电价调整而调整，高出的部分通过全国征收的可再生能源电价附加分摊解决。2014～2016 年，国家发展和改革委员会根据风电行业发展情况及可再生能源的补贴负担情况，对陆上风电的标杆上网电价进行了降价调整，并鼓励通过招标等竞争方式确定陆上风电项目上网电价（表 3.3）。

表 3.3　四类资源区风电上网价格政策梳理（单位：元/千瓦时）

政策文件文号	主要内容	Ⅰ类	Ⅱ类	Ⅲ类	Ⅳ类
发改价格〔2009〕1906 号	2009 年 8 月至 2014 年标杆电价	0.51	0.54	0.58	0.61
发改价格〔2014〕3008 号	2015 年标杆电价	0.49	0.52	0.56	0.61
发改价格〔2015〕3044 号	2016 至 2017 年标杆电价	0.47	0.50	0.54	0.60
发改价格〔2016〕2729 号	2018 年标杆电价	0.40	0.45	0.49	0.57
发改价格〔2019〕882 号	2019 年指导价	0.34	0.39	0.43	0.52
	2020 年指导价	0.29	0.34	0.38	0.47

2018 年，国家能源局印发《国家能源局关于 2018 年度风电建设管理有关要求的通知》（国能发新能〔2018〕47 号），要求从 2019 年起，新增核准的集中式陆上风电项目和海上风电项目应全部通过竞争方式配置和确定上网电价。2019 年 5 月 21 日，国家发展和改革委员会发布《国家发展和改革委员会关于完善风电上网电价政策的通知》（发改价格〔2019〕882 号），将集中式项目标杆上网电价改为指导价，新核准上网电价通过竞争方式确定，不得高于项目所在资源区指导价；对于分布式项目，参与市场化交易的，由发电企业与电力用户直接协商形成上网电价，不享受国家补贴；不参与市场化交易的，执行项目所在资源区指导价。风电指导价低于当地脱硫燃煤机组标杆上网电价（含脱硫、脱硝、除尘电价）的，以燃煤机组标杆上网电价作为指导价。2021 年 1 月 1 日起，新核准的陆上风电项目全面实现平价上网，国家不再补贴。

3.2.1.2　光伏发电补贴政策

我国对光伏发电进行补贴的政策是从 2011 年开始。2011 年 8 月，国家发展和改革委员会发布《国家发展和改革委员会关于完善太阳能光伏发电上网电价政策的通知》（发改价格〔2011〕1594 号），规定了全国统一的太阳能光伏发电标杆上网电价：按照社会平均投资和运营成本，参考太阳能光伏电站招标价格及我国太阳能资源状况，核定非招标太阳能光伏发电项目全国统一的标杆上网电价为每千瓦时 1 元或 1. 15 元。2013 年 8 月，国家发展和改革委员会发布《国家发展和改革委员会关于发挥价格杠杆作用促进光伏产业健康发展的通知》（发改价格〔2013〕1638 号），根据各地太阳能资源条件和建设成本，将全国分为三类太阳能资源区，相应制定光伏电站标杆上网电价。光伏电站标杆上网电价高出当地燃煤机组标杆上网电价（含脱硫等环保电价）的部分，通过可再生能源发展基金予以补贴。2015 年年底，国家发展和改革委员会下发《国家发展和改革委员会关于完善陆上风电光伏发电上网标杆电价政策的通知》（发改价格〔2015〕3044 号），实行风电、光伏发电上网标杆电价随发展规模逐步降低的价格政策。此后，三类资源区光伏标杆上网电价经历了多次下调（表 3.4）。

表 3.4　三类资源区光伏标杆上网电价政策梳理　　　　（单位：元/千瓦时）

政策文件文号	Ⅰ类	Ⅱ类	Ⅲ类
发改价格〔2011〕1594 号	1 或 1.15		
发改价格〔2013〕1638 号	0.90	0.95	1.00
发改价格〔2015〕3044 号	0.80	0.88	0.98
发改价格〔2016〕2729 号	0.65	0.75	0.85
发改价格规〔2017〕2196 号	0.55	0.65	0.75
发改能源〔2018〕823 号	0.50	0.60	0.70
发改价格〔2019〕761 号	0.40	0.45	0.55
发改价格〔2020〕511 号	0.35	0.40	0.49

　　风电和光伏发电补贴政策前期设定的较高的上网标杆电价和高额补贴，推动了风电和光伏装机容量的飞速发展（图 3.3 和图 3.4）。2008 年，我国的风电发电设备容量只有 839 万千瓦，到 2020 年，风电发电设备容量达到 2.8 亿千瓦，增长了将近 33 倍。2009 年，我国的太阳能发电设备容量仅有 3 万千瓦，到 2020 年，太阳能光伏发电设备容量达到 25 343 万千瓦。

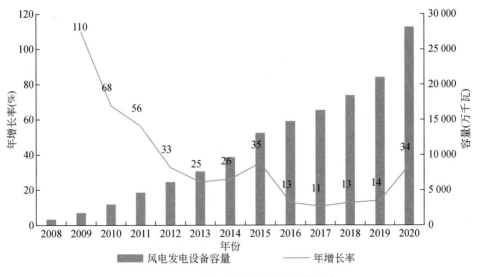

图 3.3　风电发电设备容量及年增长率

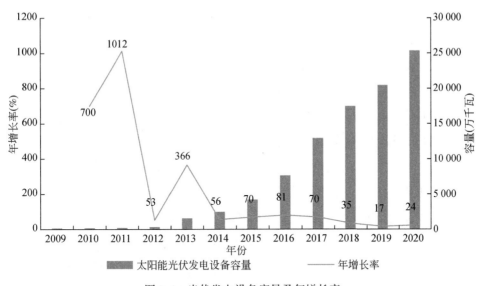

图 3.4　光伏发电设备容量及年增长率

3.2.2　可再生能源发电减排量测算

在新能源产业发展补贴政策体系的推动下，我国的可再生能源迅猛发展。但可再生能源的实际发电量未能与装机容量同步增加，"弃风弃光"问题严重。自 2015 年开始，中国"弃风弃光"率维持高位。其中，"弃风率" 2015 年为 15%，2016 年接近 20%；"弃光率" 2015 年和 2016 年均在 12% 左右；2017 年，全国"弃风率"为 12%，"弃光率"为 6%，虽较之前有所下降，但依旧值得关注。为了加快可再生能源的消纳，新一轮电力体制改革制定了多项措施保障新能源发电的消纳。

一是，落实可再生能源发电保障性收购制度，将纳入规划的风能、太阳能、生物质能等可再生能源发电列为一类优先发电保障，提高跨省跨区送受电中可再生能源电量的比例，促进可再生能源发电发展。

二是，规划内可再生能源的优先发电合同允许转让，鼓励可再生能源参与电力市场，推进直接交易，允许拥有分布式可再生能源电源的用户和企业从事市场化售电业务，建立电力用户参与的辅助服务分担机制，鼓励跨省跨区消纳可再生能源。

三是，自备电厂参与提供调峰等辅助服务，推动可再生能源替代燃煤自备电厂发电，在风、光、水等资源富集地区，采用市场化机制引导拥有燃煤自备电厂的企业减少自发自用电量，增加能源市场购电量。

四是，对新一轮电力体制改革调整电价体系后，输配电价实行成本加成的定价机制下，A-J 效应[①]将使电网倾向于可再生能源的方向发展，因为与火电相比，大部分的可再生能源消纳需要更多的电网投资。

同时，2015 年新一轮电力体制改革启动以来，国家还相继出台了《可再生能源发电全额保障性收购管理办法》（发改能源〔2016〕625 号）、《可再生能源调峰机组优先发电试行办法》、《国家发展改革委财政部 国家能源局关于试行可再生能源绿色电力证书核发及自愿认购交易制度的通知》（发改能源〔2017〕132 号）、《国家发展改革委 国

---

① A-J 效应，Averch-Johnson effect，是指企业在收益率管制的成本加成定价机制下，偏离成本最小化的资本–劳动投入组合，过度使用资本的非效率现象。

家能源局关于有序放开发用电计划的通知》（发改运行〔2017〕294号）等与可再生能源相关的政策。

新一轮电力体制改革通过加强可再生能源补贴、优先保障清洁能源发电、允许优先发电计划指标有条件市场化转让等措施，使可再生能源优先于燃煤机组用于发电，保障了可再生能源发电容量的充分利用，促进了可再生能源替代部分燃煤机组发电。由于可再生能源的排放系数较低，可再生能源替代燃煤机组发电后，降低了煤炭消费量，从而减少了二氧化碳等温室气体的排放，缓解了气候变化。

本小节将进一步量化可再生能源替代燃煤发电的减排效果。从2014 年年底（新一轮电力体制改革前）到 2017 年（新一轮电力体制改革后），可再生能源的发电量从 1244 亿千瓦时增加到 1613 亿千瓦时。假设可再生能源发电的增量即为被替代的燃煤发电量，计算得出减少了 6700 万吨碳排放。如果参照世界核协会（World Nuclear Association）计算的电力全生命周期碳排放系数，将核电的增长也考虑在内，至 2017 年我国的碳排放量减少了 8900 万吨。

3.2.3 发展生物质能源替代化石能源[①]

用生物质能源替代汽油、柴油等化石燃料也是二氧化碳减排和可再生能源开发利用的重要方向。生物质能源泛指从有机的生物质（包括植物、动物和微生物等）提炼加工而成的可以作为燃料的一类可再生能源。在美国，联邦政府和州政府也对能源市场实行了许多鼓励可再生能源发展方面的政策和法案。为了减少美国国内石油产品的消费，提高第二代生物质能源的产量，美国政府的主要监管战略是设定可再生燃料标准（Renewable Fuels Standard II，RFS II）。RFS II 要求每年在汽油、柴油等用于运输的能源燃料中加入更多比例的可再生燃料。据

[①] 本小节内容主要基于笔者等于 2019 年发表在 *Ecological Economics* 上的学术论文：*Environment or food*：*Modeling future land use patterns of miscanthus for bioenergy using fine scale data*。

测算，为了达到 RFS II 设定的政策标准，到 2022 年，美国每年的生物质能源年产量将达到 360 亿加仑[①]。根据 Scown 等 (2012) 的测算，如果生物质能源全部由芒属×巨型芒属 (以下简称芒属) 来满足，将需要大约 800 万公顷的农田，或 1270 万公顷的土地保护性储备计划 (Conservation Reserve Program, CRP) 土地和 500 万公顷的农田，才能获得足够的芒属作物用于生产生物质能源。芒属植物的种植和生长需要大面积的农田，可能会与其他农作物竞争有限的农田资源，导致食品价格上涨。而且，如果用于种植芒属植物的农田来自于森林、灌木丛或牧场，则芒属植物的种植可能会对生物多样性以及土地转化和其他自然生产过程产生的直接温室气体排放产生影响 (Searchinger et al., 2008)。所以，对于决策者来说，了解引入芒属植物后土地使用情况的变化，评估引入芒属植物后社会成本与社会收益，对于实现二氧化碳减排、发展生物质能源的政策目标十分必要。

本小节以美国密西西比—密苏里河流域沿岸的土地为样本，根据流域沿岸农业生产者过去的农作物选择情况和设定的芒属植物目标产量，评估通过市场机制调整后种植芒属植物的地点和土地来源类型，从而得出芒属植物的引入对农业生产、土地利用和生态环境等产生的影响。

本小节所进行的研究使用了美国中西部土地利用方面的精细面板数据。首先基于土地使用情况数据和天气特征数据，以及农业生产者往期的作物选择数据，估计出农业生产者作物选择模型。然后，将新型的芒属植物引入农业生产者可选择的作物范围，预测引入芒属植物后各类农作物种植情况和土地类型的分布情况。最后通过前后对比得到土地利用的变化情况。

研究的基本逻辑是：农业生产者对农作物的选择是由种植各类作物的利润决定的，而农作物的种植利润由农产品的价格、产量和种植成本决定，这些因素又由土地的土壤条件、当地的天气情况和农产品

---

① 加仑是一种容 (体) 积单位，1 美制加仑约等于 3.785 升。

的市场价格决定。所以，简化一点来看，农业生产者对农作物的选择可以写成农作物覆盖率对农产品年度市场价格、土地土壤条件、天气条件、往期农作物覆盖率的回归方程。我们使用这些数据来模拟解释美国密西西比—密苏里河流域沿岸 6 个州 2000～2010 年的农作物覆盖率，估算出一个农作物覆盖率对上述这些因素的计量经济学模型。然后，根据芒属植物的产量和种植成本的评估估算芒属植物的种植利润函数，将芒属植物添加到农业生产者的农作物选择模型中，观察农业生产者的农作物选择行为的变化，从而得到农作物覆盖率和土地利用情况的变化。

3.2.3.1　农业生产的基本情况

数据样本来自美国密西西比—密苏里河流域沿岸的 6 个州，包括威斯康星州、艾奥瓦州、伊利诺伊州、密苏里州、阿肯色州和密西西比州。与第 2 章研究气候变化对农业生产影响的研究方法类似，我们将密西西比—密苏里河流域沿岸的土地从整体上划分为南北两个区域，然后将流域沿岸的土地划分为 4km×4km 网格，以网格为单位，构建网格的土地利用情况、土地土壤特征、天气状况和芒属作物产量等。

用于评估模型的数据的时间范围为 2000～2010 年，流域范围内土地的利用情况数据与第 2 章相同。农业用地在广义上定义为种植农作物的耕地、草地、园地、林地等土地，涵盖了除水体和城区以外的直接用于农业生产的土地。密西西比—密苏里河流域南部和北部的气候条件存在较大差异，种植的主要农作物存在明显区别，北部的威斯康星州、艾奥瓦州和伊利诺伊州主要种植玉米和大豆等两种作物，南部的密苏里州、阿肯色州和密西西比州种植玉米、大豆、水稻和棉花等四种作物。图 3.5 展示了样本区域内"四种农作物用地+其他用地"[①]的作物覆盖率。

---

① 除种植这四种作物外的土地，如荒地、牧场、森林等在图 3.5 中统一归为"其他用地"。

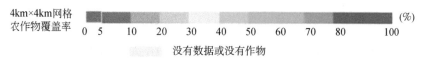

4km×4km网格
农作物覆盖率

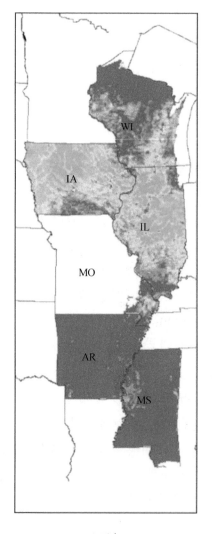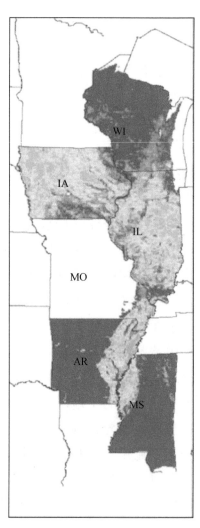

A.玉米   B.大豆

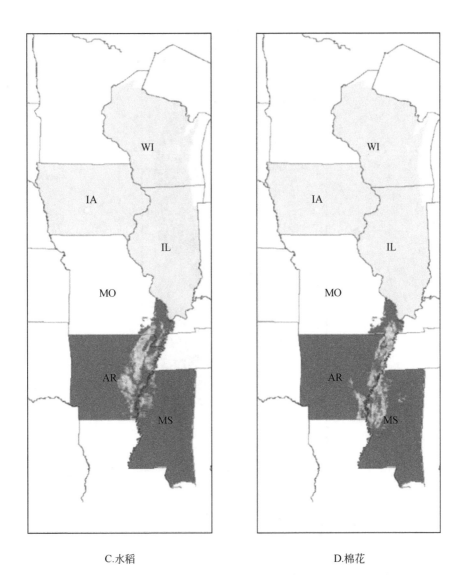

C.水稻   D.棉花

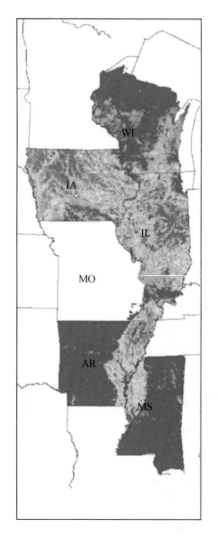

E.其他作物

图 3.5　密西西比—密苏里河流域土地利用情况

资料来源：Xie et al.，2019b

　　密西西比—密苏里河流域的土壤条件和天气条件的基本情况详见本书第 2 章。关于模拟芒属作物产量，我们使用 R 语言的一个半机械的动态作物生长和生产模型 BioCro 来模拟芒属作物的产量①。输入该

———————

① Miguez 等（2009，2012）对 BioCro 模型进行了较为详细的描述和说明，本小节不再赘述。

区域的土壤条件、天气条件等数据，模型将会给出生长季末可收获的芒属作物的产量。图3.6 显示了 BioCro 模型模拟的密西西比—密苏里河流域沿岸芒属作物的生长和生产情况。与图2.1 及图2.2 相比，可以看到，在大多数土壤条件优良、玉米种植率较高的地区，芒属作物的产量也比较高。但也有例外，BioCro 模型预计密西西比州南部芒属作物的产量比较高，但这片地区玉米的产量较低。

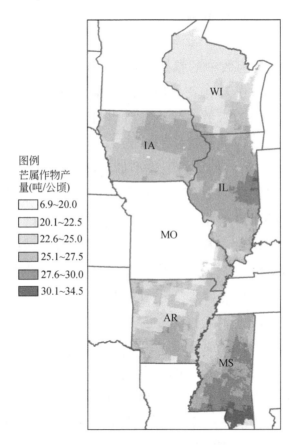

图3.6　密西西比—密苏里河流域沿岸芒属作物的模拟生长和生产情况

资料来源：Xie et al.，2019b

3.2.3.2　引入芒属作物对土地使用方式的影响

本小节对农民的作物选择进行建模，将芒属作物作为一种新的作物添加入农业生产者的选择集。我们利用过程模型和工程经济模型，估计芒属作物的产量、生产成本和市场价格，从而获得芒属作物的种植利润的数据；再利用计量经济学模型模拟农业生产者在增加了芒属作物这一选择后对农作物选择的变化，观察农业土地的作物分布变化情况和各类农作物的产量变化情况。关于芒属作物的成本函数和价格，我们设定了几种不同的场景，不同的情景拥有不同的成本函数和价格水平。芒属作物的平均成本函数为

$$ac = a - b * \text{yield}$$

式中，a 和 b 是成本函数中的参数，yield 代表芒草的产量。在基线情景中，$a = 45.27$，$b = 0.35$，芒属作物的价格为 50 美元。在其他几个情景中，平均成本函数的参数发生变化，并相应地调整价格以将总产量保持在 100 吨。第一种情景就是基线情景。

图 3.7A 显示了第一种情景下模型估计的芒属作物的种植分布。在密西西比—密苏里河流域北部，芒属作物的分布较为零散，主要分布在威斯康星州南部、威斯康星州和伊利诺伊州接壤的地区、伊利诺伊州南部及艾奥瓦州南部。在密西西比—密苏里河流域南部，模拟显示的芒属作物分布范围比流域北部广，且分布在距密西西比—密苏里河较远的地方。当前这片区域主要是针叶树林地、草地、牧场和木本湿地，土壤条件也比较好。

图 3.7B～图 3.7F 分别显示了因引入芒属植物而导致的四类主要农作物和其他作物种植覆盖率的变化情况。在流域南部各州，转向种植芒属作物的土地面积较大，但芒属作物的引入对主要农作物的影响很小，种植芒属作物的土地主要来自林地、草地、牧场等"其他用地"土地类别。总而言之，研究结果显示，生物质能源作物并没有与主要农作物的种植产生激烈的土地竞争，而是通过改变其他类型的土地来生产。

接下来我们通过改变模型中芒属作物的价格，得出在基线情景的生产成本设定下，芒属作物的供给曲线，也就是不同的市场价格水平

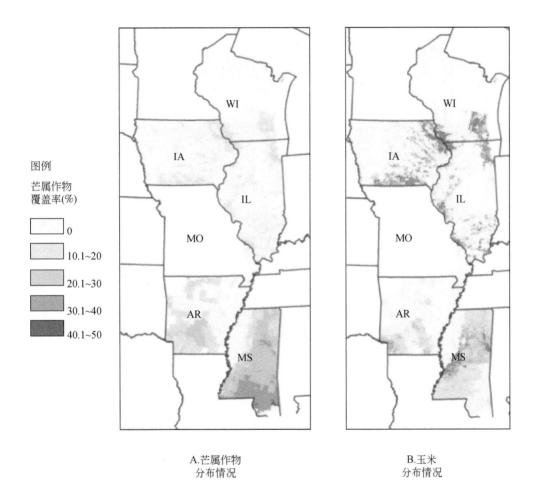

图例

芒属作物
覆盖率(%)

0

10.1~20

20.1~30

30.1~40

40.1~50

A.芒属作物
分布情况

B.玉米
分布情况

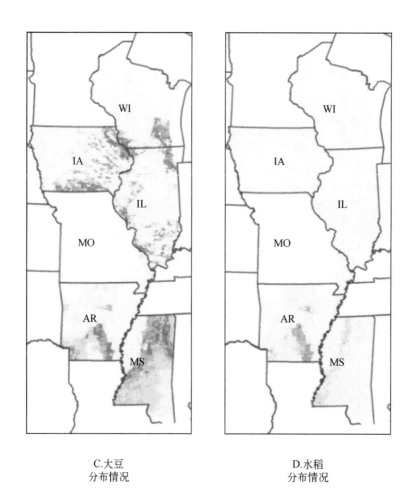

C.大豆
分布情况

D.水稻
分布情况

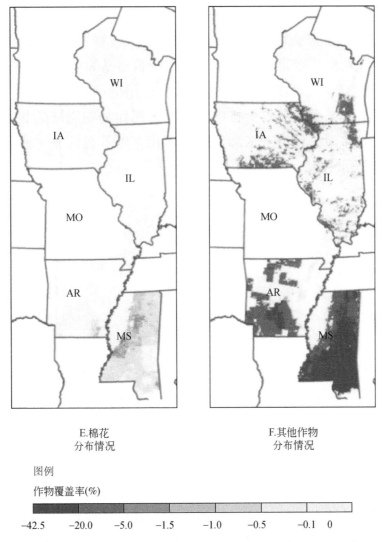

E.棉花
分布情况

F.其他作物
分布情况

图例

作物覆盖率(%)

−42.5　　−20.0　　−5.0　　−1.5　　−1.0　　−0.5　　−0.1　0

图3.7　第一种情景下模拟的芒属作物种植分布及土地类型的变化情况

资料来源：Xie et al.，2019b

下芒属作物的供应量。随着芒属作物价格的上涨，种植芒属作物的利润提高，芒属作物的种植面积会越来越大，产量也会相应提高。图3.8显示了模型估算出的当市场价格设定在45～100美元/吨时的芒属作物供应曲线。如图3.8所示，当芒属作物市场价格为45美元/吨时，与种植其他作物相比，芒属作物的利润较低，种植面积小，产量接近于零。当芒属作物的市场价格从 45 美元/吨上涨到 60 美元/吨时，芒属作物的产量快速增长，供给的价格弹性约为 7。随着价格的进一步上涨，供给曲线变得更加陡峭。当市场价格从 80 美元/吨提高到 90 美元/吨时，芒属作物的产量增加变缓，供给的价格弹性约为 0.8。从土地利用类型来看，随着价格的上涨，芒属作物在流域的北部地区占用了越来越多原先种植玉米和大豆的农田，以及目前非主要农作物的牧场、林地等土地。

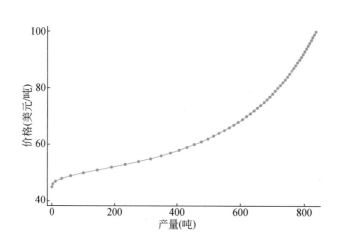

价格 (美元/吨)	产量 (吨)
45	0.08
48	31.54
50	100.15
60	454.43
70	618.52
80	717.08
90	784.58
100	834.86

图 3.8　芒属作物供给曲线

资料来源：Xie et al., 2019b

出于稳健性方面的考虑，我们设定了其他一些情景，改变芒属作物的生产函数形式，将模型的模拟结果与基线情景的结果对比，用来考察芒属作物生产成本函数的设定对模型主要结果的影响，发现成本函数的设定对模型的基本结论并没有显著的实质性影响。

种植生物质能源作物可能会直接与粮食等主要农作物竞争土地资源，就像玉米被用于生产乙醇的情况一样（Hausman，2012）。根据本章的估计结果，玉米乙醇相比选择芒属作物作为发展生物质能源的一个优势在于，农民将会选择在目前没有种植粮食作物的土地上种植芒属作物，并不会导致生物质能源作物的种植与主要粮食作物竞争土地，导致食品价格上涨的情况。

根据本章的模拟结果，芒属作物产量的增加主要来自于非种植粮食性的土地对芒属作物的种植，尤其是艾奥瓦州和阿肯色州，其土壤质量的变化是芒属作物种植地点的决定性因素：芒属作物主要种植在较低质量的土壤中。芒属作物对目前用于玉米、大豆、棉花和水稻的土地的潜在需求较低，但它对目前属于"其他用地"类别（包括牧场、林地和草地）的土地的需求很高，使用这些类型土地可能会带来环境成本。

总而言之，推广发展芒属作物作为生物质能源的政策下，农民可能会在目前未用于种植粮食作物的土地上种植芒属作物。然而，被转而用于种植芒属作物的那些草地、牧场和林地等土地含有大量的自然价值，这些自然资源的价值将会受到威胁。就林地而言，转换过程会涉及大量的释放碳，这与当前国际社会大力提倡碳减排的大背景相悖。但是，已有的研究也表明，芒属作物的替代种植可减少温室气体排放，在减少碳排放方面具有很大的潜力（Dwivedi et al., 2015）。如果能够在那些目前未用于农业生产、居住和其他社会用途的土地上腾出芒属作物种植的空间（Cai et al., 2011），芒属作物及其制成的生物质能源可以成为减缓气候变化的有力工具。

3.3　改变能源消费结构

在我国北方地区，冬季气温较低，常在零摄氏度以下，为了维持室内宜居的温度，多数住房均配有取暖设备。北方城镇家庭大多由市政提供集中供暖，而没有集中供暖的农村地区居民普遍采取自采暖的方式供暖。在各种可用于取暖的能源类型中，由于我国"富煤"的能源资源禀赋，煤炭成为北方农村地区分户取暖最主要的能源类型。散煤分户取暖的经济性适应农村地区较低的人均收入水平和消费能力，但散煤燃烧产生的烟（粉）尘、一氧化碳等会损害农村居民的健康，产生的二氧化碳和其他空气污染物是北方地区碳排放和冬季大气污染的重要来源。

为改善空气质量，从 2013 年起，国务院出台了一系列大气污染防治政策，并采取系列治理行动。其中，调整冬季取暖的能源结构，减少冬季散煤燃烧产生的污染，是其中的一项重要措施。2013 年 9 月 10 日，国务院出台《大气污染防治行动计划》，提出加快推进集中供热、"煤改电"和"煤改气"工程、改用新能源等重要举措。2014 年 12 月 29 日，国家发展和改革委员会印发《重点地区煤炭消费减量替代管理暂行办法》，要求油气、电力等企业积极落实"煤改清洁能源"等配套工程，将居民现有的采暖能源结构从以散煤为主调整为以电力、天然气、太阳能等清洁能源为主要采暖能源，实现煤炭减量和碳排放减量。2016 年 12 月 21 日，习近平总书记主持召开中央财经领导小组第十四次会议指出，推进北方地区冬季清洁取暖，关系北方地区广大群众温暖过冬，关系雾霾天能不能减少，是能源生产和消费革命、农村生活方式革命的重要内容。

在加快推进清洁取暖的过程中，也出现了一些新的问题：清洁取暖工程是否有效地改善居民的取暖用能结构？居民的主观感受如何？是否提高了居民的福利？对二氧化碳减排的贡献有多大？这些问题都是在推动清洁取暖政策有效实施过程中，政策制定者、相关能源企业和广大居民十分关心的问题。本小节以北京市清洁取暖政策主要涉及的北京地区农村居民为样本，通过入户问卷调查的方式，收集北京农村地区详细的清洁取暖实施情况和农村家庭取暖能源消费情况，并以此为基础分析清洁取暖政策实施前后农村居民的取暖用能结构变化、居民对能源结构改变后的取暖的主观感受，估算了"煤改电""煤改气"和"清洁燃煤替代"等清洁取暖政策带来的二氧化碳减排量，为清洁取暖政策的有效落实提供实证证据。

3.3.1 清洁取暖政策简介

清洁取暖是指利用电力、天然气、地热能、太阳能、生物质能、工业余热、洁净煤和核能等清洁化、高效能、低排放的能源替代煤炭等高排放、高污染的能源进行取暖。北京地区推行的清洁取暖政策主要包括"煤改电""煤改气""清洁燃煤替代"等措施。

"煤改电"是指居民分户取暖的能源由煤炭改为电力，用电暖炉等电力取暖设备替代传统的煤炉等取暖设备。电采暖设备原则上禁止使用直热式电暖器，推广使用电热膜、蓄热式电暖器等分散式电供暖。居民可根据气温、水源、土壤、光照等条件特性，因地制宜地选择使用能效较高的空气源热泵、电加热水储能、地源热泵等清洁能源取暖。

"煤改气"是指居民分户取暖的能源由煤炭改为管道天然气，相应的采暖设备由煤炉改为各类燃气采暖设备，如燃气壁挂炉。由于天然气管网的覆盖面积有限，对于不能接入天然气管网的村庄可采用压缩天然气、液化天然气、液化石油气、生物天然气等清洁能源取暖。

和"煤改电""煤改气"相比，"清洁燃煤替代"并未改变居民分户取暖的能源品种，是一种补充性的政策，针对未纳入或因改造条件不成熟而暂时未纳入"煤改清洁能源"改造的村庄，使用经过洗选加工、低硫低挥发无烟的洁净煤替代原有劣质煤的采暖方式。

中国人民大学能源经济系和中国人民大学"千人百村"社会实践活动，就清洁取暖政策实施情况及家庭能源消费情况，于 2017 年 6 月至 2017 年 10 月对北京市约 4000 户农村家庭及 183 个行政村村委会进行了实地调查和入户调研，其中包括实施"煤改电"政策村 61 个，"煤改气"政策村 71 个，"清洁燃煤替代"政策村 62 个，待推行相关政策的村 13 个，未推行且未听说要推行的村 22 个；"煤改气"家庭有效样本 79 户，"煤改电"家庭有效样本 519 户，"清洁燃煤替代"家庭有效样本 784 户。对村委会的调研主要包括清洁取暖政策的实施时间、设备类型和补贴情况、能源购买价格等。入户调研主要收集了基本家庭信息、住房情况、供暖设备及其使用情况、散煤和其他替代能源的使用情况及价格，以及农村家庭对散煤使用的主观感受。

3.3.2 取暖能源结构的变化

根据对北京农村家庭的问卷调查数据，我们对比了未参加清洁取暖政策和不同清洁取暖政策下，农村家庭用于取暖的各类能源所占的比例（表3.5）。总体来看，未实施清洁取暖政策的农村家庭的取暖用能主要来自电力、无烟煤煤球、型煤/原煤/煤块和柴薪，各占家庭取暖用能的20%左右。实施"煤改电""煤改气"工程的农村家庭的取暖用能结构有显著的不同，与未实施清洁取暖的农村家庭相比，取暖用的煤炭占比大幅下降，电力、天然气的占比大幅上升，其中，实施"煤改电"政策的农村家庭的电力消费量占取暖用能的比例达79%，实施"煤改气"政策的农村家庭的管道天然气使用量占取暖用能的比例达71%。"煤改电""煤改气"政策对于农村家庭用煤取暖的替代效果非常明显。

表3.5 不同取暖政策下农村家庭取暖能源结构比较 （单位:%）

项目	未参加政策	煤改电	煤改气	清洁燃煤替代
电力	22.99	79.10	12.28	14.29
管道天然气	13.06	0.14	71.05	0.44
瓶装液化气	0	0	0	0.11
烟煤煤球	10.71	2.46	4.39	2.21
烟煤蜂窝煤	4.52	1.23	1.75	0.78
无烟煤煤球	21.32	6.28	5.26	69.44
无烟煤蜂窝煤	4.81	0.68	2.63	9.63
型煤/原煤/煤块	18.96	7.65	3.51	11.96
柴薪	16.50	6.69	17.54	18.60
木炭	0.59	0.14	0	0.22
秸秆	1.47	0	0	0.11
厨房余热	0.69	0	0	0.11
地热	0	0.41	0.88	0.11

至于补充性的"清洁燃煤替代"政策，虽然涉及的农村家庭的取暖用能结构没有显著差异，但农村家庭所使用的无烟煤煤球、无烟煤蜂窝煤等优质煤的比例显著提高，型煤/原煤/煤块、烟煤煤球及蜂窝煤等品质较差的煤炭类型占比显著低于未实施清洁取暖政策的家庭。

3.3.3　清洁取暖减排收益测算

在清洁取暖政策下，家庭取暖用的散煤被更清洁的能源（如电力、天然气等）替代，从而减少了取暖中的污染物排放和温室气体排放，能够带来人体健康改善等多方面的社会收益，本小节主要对清洁取暖政策的二氧化碳减排收益进行评估，对其他空气污染物的减排量在后续章节进行详细说明。

3.3.3.1　测算方法

北京清洁取暖政策的收益主要是散煤被电力、天然气和优质燃煤替代所带来的环境外部性收益，平均每户农村家庭清洁取暖改造的收益计算公式如下：

$$\text{Benefit}_j = -\Delta E_j \times C$$

式中，ΔE_j 表示在政策实施后，北京平均每户家庭一个供暖季使用 j 能源取暖时二氧化碳排放量的变化，单位为吨；$j = 0，1，2，3$，分别对应使用散煤、电力、天然气和清洁燃煤；C 表示每单位二氧化碳排放量的社会成本，单位为元/吨。

清洁取暖政策前后，使用 j 能源供暖时平均每户家庭二氧化碳的排放变化量 ΔE_j 用下式计算：

$$\Delta E_j = \Delta A_j \times EF_j$$

式中，ΔA_j 表示政策实施前后平均每户家庭 j 能源消耗的变化量，单位为吨/户（煤），千瓦时/户（电力）或米^3/户（天然气）；$j = 0，1，2，$ 3 分别对应散煤、电力、天然气和清洁燃煤；EF_j 表示使用 j 能源时二氧化碳的排放因子，单位为千克/吨（煤），克/千瓦时（电力）或克/米³（天然气）。

能源消耗的变化量 ΔA_j 利用问卷调研得到的面板数据，根据平均每户家庭在减煤政策实施前后能源消耗的差值进行估计，公式如下所示：

$$\Delta A_j = Q_j' - Q_j$$

式中，Q_j' 表示清洁取暖政策实施后每户家庭的 j 能源的平均消耗量；Q_j 表示政策实施前每户家庭 j 能源的平均消耗量。其中，"煤改电"政策主要考虑煤炭和电力的能源使用变化量，而"煤改气"政策主要考虑煤炭和天然气的能源使用变化量。

3.3.3.2　测算中的参数

（1）二氧化碳排放因子

煤炭燃烧的主要排放物是二氧化碳，不同类型的煤和不同的燃烧条件会影响排放因子 EF_j。我们根据以往文献的研究结果，分别总结了以往相关文献中关于煤炭、电力和天然气的二氧化碳排放因子（表 3.6），选取过往研究结果的平均值进行测算。其中，家庭取暖用的煤炭分成烟煤/散煤和无烟煤两大类，文献梳理结果如表 3.6 所示。其中，文献中的二氧化碳排放因子的差异是测算不确定性的来源之一。

表 3.6　煤炭、电力、天然气的二氧化碳排放因子

能源类型	文献	二氧化碳排放因子
散煤	Shen 等（2010）	2 286
	平均值	2 286
无烟煤（煤球）	Eggleston（2006）	1 500
	IPCC（2006）	1 550.4
	国家发展改革委应对气候变化司（2014）	2 211
	平均值	1 753.8

能源类型	文献	二氧化碳排放因子
无烟煤（蜂窝煤）	Eggleston 等（2006）	1 150
	国家发展改革委应对气候变化司（2014）	2 211
	平均值	1 217.33
电力	Zhao 等（2013）	773
	孙爽（2016）	624
	邢有凯（2016）	478
	平均值	625
天然气	庞军等（2015）	2 184
	陈莉等（2013）	1 994
	平均值	2 089

（2）二氧化碳排放的社会成本

测算公式中的二氧化碳排放社会成本 C 被定义为由二氧化碳造成的社会和环境损害的经济损失。与二氧化碳排放因子的方法相同，通过全面地梳理以往相关文献，得到单位二氧化碳排放的社会成本。由于二氧化碳排放的社会和环境经济成本会因不同国家和地区而异，因此在本小节中，用近年来中国的平均值（表 3.7）来衡量二氧化碳排放的经济损失。

表 3.7　二氧化碳排放的社会成本

文献来源	地区	二氧化碳排放的社会成本
Berechman 和 Tseng（2012）	Kaosiung	26
Song（2014）	China	29
魏学好和周浩（2003）	China	3.6
丁淑英等（2007）	China	19
平均值（美元）		17.2
平均值（人民币）*		117

＊按照 2018 年 7 月 29 日外汇中间价 6.79 元/美元计算

3.3.3.3　"煤改电"政策的减排收益

根据 3.3.3.1 中的计算说明，首先需要利用样本数据计算清洁取暖政策实施前后各类能源使用量的变化。

（1） 煤炭消耗量的变化

对农村家庭的问卷调查中设置了关于每户家庭所实行的清洁取暖政策类型以及在政策实施前后用于家庭分户取暖的各类能源的消费量，时间区间为一个取暖季，单位为千克。利用经历了"煤改电"政策的农村家庭的面板数据，取政策实施前后煤炭使用量的平均值，两者相减得到由"煤改电"政策引起的每户的散煤使用量变化量具体如表3.8 所示。

表 3.8 "煤改电"样本家庭煤炭消费量变化情况

类型	样本户数	煤炭种类		改造后 $Q'_{煤炭}$（千克）	改造前 $Q_{煤炭}$（千克）	$\Delta A_{煤炭}$（千克）	变化比例（%）
"煤改电"样本家庭整体	400	散煤		479.98	2 327.40	−1 847.43	−79.38
		清洁/无烟煤	煤球	161.03	806.31	−645.28	−80.03
			蜂窝煤	29.20	219.63	−190.43	−86.70
空气源热泵样本家庭	225	散煤		2.22	1 941.76	−1 939.53	−99.89
		清洁/无烟煤	煤球	46.71	1 064.55	−1 017.84	−95.61
			蜂窝煤	45.24	274.33	−229.09	−83.51

根据调查结果，"煤改电"政策使北京市的样本农村家庭取暖用的散煤、煤球、蜂窝煤消费量分别约减少了 1850 千克/户、650 千克/户和 190 千克/户，共计减少了 2690 千克的煤炭消费。

在 400 户参与"煤改电"政策的有效样本家庭中，有 225 户家庭选择了空气源热泵作为取暖设备。对于使用空气源热泵的家庭而言，平均每户家庭一个取暖季约减少消耗散煤 1940 千克，无烟煤煤球 1018 千克，无烟煤蜂窝煤 229 千克，平均每户的煤炭消费量约减少 3190 千克，高于"煤改电"政策实施的平均效果。

（2） 电力消耗量的变化

"煤改电"政策下，样本农村家庭所更换的取暖设备类型十分丰富，主要包括空气源热泵、蓄热式电暖、直热式电暖、锅炉供暖、空调、电辐射取暖等。根据调查问卷中获得的样本农村家庭政策改革前后电力消费量的变化（表 3.9），在 2016 ~ 2017 年取暖季，调查中经历了"煤改电"政策的有效样本农村家庭有 519 户，平均每户因取暖增加了 5482.35 千瓦时电力消费。其中，煤改电取暖设备改造为空气源热泵的有效样本农村家庭共有 297 户，平均每户因取暖增加 5815.37 千瓦时的电力消费，略高于"煤改电"政策的平均水平。

表 3.9 电力使用增加量 （单位：千瓦时）

设备	样本户数	改造后 $Q'_{电力}$	改造前 $Q_{电力}$	$\Delta A_{电力}$
"煤改电"样本家庭整体平均	519	6 390.25	907.90	5 482.35
空气源热泵	297	6 278.84	463.47	5 815.37

(3) "煤改电"政策收益核算

"煤改电"政策的二氧化碳减排收益就是在政策实施后，家庭改变分户取暖的能源结构和能源消费量所带来的二氧化碳减排收益/成本。根据 3.3.3.1 节的计算公式，代入 3.3.3.2 节中的各类参数以及本小节计算的各类能源消费量的变化，即可计算得出"煤改电"政策的二氧化碳减排净收益。据估算，"煤改电"政策下每户居民家庭实行清洁取暖后，因煤炭消费量减少带来的二氧化碳减排社会收益为 662.76 元/户，因电力消费增加造成的二氧化碳减排社会成本为 400.2 元/户。综合来看，"煤改电"政策带来的二氧化碳减排社会净收益约为 262.56 元/户，对于其中采取空气源热泵作为取暖设备的家庭，户均的减排社会净收益为 346.77 元。

3.3.3.4 煤改气政策的减排收益

(1) 煤炭消耗的变化

根据问卷调查数据，经历"煤改气"政策的样本家庭取暖用煤炭的消费量的变化如表 3.10 所示。参与"煤改气"政策的样本家庭在政策实施前一个取暖季平均消耗散煤 1353.16 千克，消耗无烟煤煤球 826.83 千克，无烟煤蜂窝煤 152.53 千克，共计 2332.52 千克。根据中国环境规划院的调查结果，2015 年北京居民生活的散煤消费量约为 320 万吨，北京生活燃煤用户 110 万户，户均消费 2.9 吨煤，采暖用煤占煤炭消费总量的 92%，约为 2.67 吨，与调研结果相近。

表 3.10 "煤改气"政策下样本家庭散煤使用情况

设备	样本户数	煤炭种类		改造后 $Q'_{煤炭}$（千克）	改造前 $Q_{煤炭}$（千克）	$\Delta A_{煤炭}$（千克）	变化比例（%）
"煤改气"样本家庭整体平均	79	散煤		86.58	1353.16	−1266.58	−93.60
		清洁/无烟煤	煤球	613.92	826.83	−212.91	−25.75
			蜂窝煤	18.99	152.53	−133.54	−87.55
壁挂炉	63	散煤		5.40	1220.64	−1215.24	−99.56
		清洁/无烟煤	煤球	119.05	766.98	−647.94	−84.48
			蜂窝煤	0	191.27	−191.27	−100

"煤改气"政策实施后，平均每户家庭的煤炭消费量约减少 1.61 吨，减少了 69.15%。"煤改气"政策原则上要求将散煤取暖完全替代为天然气取暖，煤炭使用量应减少为零，但是在调研中，部分居民反映在天然气取暖达不到合适温度的情况下会使用一定的散煤用于补充（天然气取暖用户的煤炭消费情况见表 3.10）。

改造为天然气取暖的用户选择的取暖设备主要为壁挂炉，在 79 户参与"煤改气"政策的样本家庭中，有 63 户家庭选择了壁挂炉作为取暖设备。对于使用壁挂炉取暖的家庭而言，平均每户家庭一个取暖季减少消耗散煤 1215.24 千克，无烟煤煤球 647.94 千克，无烟煤蜂窝煤 191.27 千克，各类煤炭共计减少 2054.45 千克，减少了 94.29%，高于"煤改气"政策实施的平均效果。

（2）天然气消耗量的变化

"煤改气"政策下，农村家庭分户取暖的散煤消费量减少的同时，天然气消费量增加。根据调研数据，表 3.11 总结了天然气消费增加量，并单独列出了最广泛的天然气取暖设备——壁挂炉样本家庭的天然气消费量的变化情况。2017 年采暖季经历了"煤改气"政策的有效样本有 64 户，平均每户的天然气消费量增加了 1299.31 立方米。其中，采用壁挂炉取暖的有效样本有 60 户，平均每户的天然气使用量增加 1398.94 立方米。

表 3.11　天然气使用量情况　　　　（单位：立方米）

设备	样本户数	改造后 $Q'_{天然气}$	改造前 $Q_{天然气}$	$\Delta A_{天然气}$
样本家庭整体平均	64	1 342.75	43.44	1 299.31
壁挂炉	60	1 399.77	0.83	1 398.94

（3）"煤改气"二氧化碳减排净收益核算

"煤改气"政策的二氧化碳减排收益就是在政策实施后，家庭用天然气替代煤炭取暖所带来的二氧化碳减排净收益。根据 3.3.3.1 的计算公式，代入 3.3.3.2 中的各类参数以及本小节计算的各类能源消费量的变化，即可计算得出"煤改气"政策的二氧化碳减排净收益。经测算，"煤改气"政策下每户居民家庭实行清洁取暖后，因煤炭消费量减少带来的二氧化碳减排社会收益为 496.53 元/户，因天然气消费增加造成的二氧化碳减排社会成本为 317.03 元/户，综合来看，"煤改电"带来的二氧化碳减排社会净收益约为 179.53 元/户，对于其中采取壁挂炉作为取暖设备的家庭，户均的减排社会净收益为 229.16 元。

3.3.3.5　"优质燃煤替代"的减排收益

"优质燃煤替代"是北京清洁取暖政策中的一项过渡政策。"优质燃煤替代"政策的收益来源于使用优质燃煤替代散煤取暖而带来的污染物排放量减少的福利增加。

（1）散煤和清洁燃煤消耗量的变化

通过对样本家庭煤炭使用情况的分析（表 3.12）可以得到，参与

"优质燃煤替代"政策的 784 户样本家庭在政策实施前，平均每户家庭一个取暖季消耗散煤 3128.49 千克，消耗无烟煤煤球 797.98 千克，无烟煤蜂窝煤 241.07 千克。"优质燃煤替代"政策实施后，散煤使用量平均每户减少 2556.11 千克，平均每户消耗的清洁无烟煤的数量有所增加，其中无烟煤煤球增加 2539.21 千克，无烟煤蜂窝煤增加 249.75 千克。

表 3.12 煤炭消耗变化量

样本户数	煤炭种类		改造后 $Q'_{煤炭}$（千克）	改造前 $Q_{煤炭}$（千克）	$\Delta A_{煤炭}$（千克）	变化比例（%）
784	散煤		572.38	3 128.49	−2 556.11	−81.70
	清洁/无烟煤	煤球	3 337.19	797.98	2 539.21	318.20
		蜂窝煤	490.82	241.07	249.75	103.60

（2）"优质燃煤替代"政策的二氧化碳减排净收益核算

结合计算出的各类煤炭消费量的变化、单位煤炭的二氧化碳排放因子和二氧化碳排放的社会成本，计算出"优质燃煤替代"政策在北京带来的二氧化碳减排收益为 113.32 元/户（表 3.13）。

表 3.13 污染物排放的货币化社会收益　　　　　（单位：元/户）

排放物							共计
$PM_{2.5}$	SO_2	NO_x	CO	TSP	PM_{10}	CO_2	
2739.58	818.07	95.71	1 175.90	204.94	6 119.91	113.32	11 267.43

3.4 减少能源消费量

3.4.1 城镇化能否减少能源消费[①]

改革开放以来，我国经历了经济社会、城镇化及能源消费量和二

---

① 本小节内容主要基于笔者于 2020 年发表在 *China Economic Review* 上的学术论文：*Does urbanization increase residential energy use? Evidence from the Chinese residential energy consumption survey* 2012。

氧化碳与污染物排放量等快速增长历程。在过去的三十多年里，我国
有 5 亿多农村人口迁移到城市。预计到 2030 年，我国的城镇人口将会
达到 10 亿人（Normile，2008），如果按照目前的城镇化趋势，城镇地
区的能源消费量预计占中国能源消费总量的比例将会达到 83%（IEA，
2007）。2000 ~ 2015 年，中国城镇人口比例从 36.2% 上升到 56.1%，
而美国和印度等国家的城镇化率保持稳定（图 3.9）。

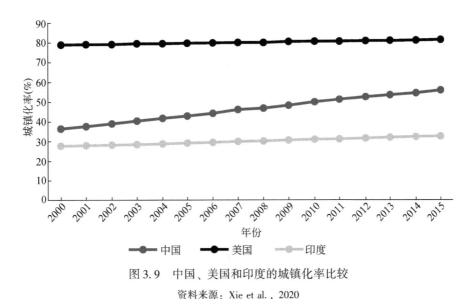

图 3.9　中国、美国和印度的城镇化率比较

资料来源：Xie et al.，2020

3.4.1.1　城镇化与家庭能源消费

随着城镇范围的扩大、城市人口的增加，中国的人均能源消耗量
也在不断增加，同时能源消费结构逐渐从煤炭转向电力（图 3.10）。
能源消费带来大量的温室气体排放和污染物排放。为降低能源消耗、
提高能源效率，我国政府推出了一系列降低能源消耗的政策，提出
"以人为本、四化同步、优化布局、生态文明、文化传承"的中国特
色新型城镇化道路。了解城镇化对能源消费的影响及其机制，对实现
"生态文明，绿色低碳"的新型城镇化目标具有重要意义。

城镇化包括通过人口的流动实现城镇化，即人口从农村地区向城

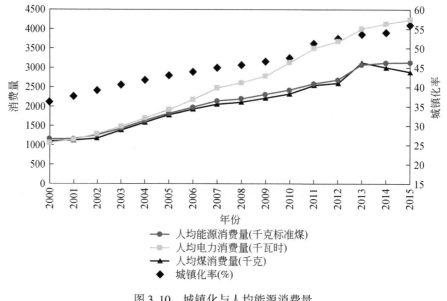

图 3.10 城镇化与人均能源消费量

资料来源：Xie et al.，2020

镇地区迁移，也称为"异地城镇化"；也包括城市地理范围的扩大，即农村地区的城镇化，也称为"就地城镇化"。城镇化对能源消耗的影响存在多种方向，会产生不同的效果。从城镇人口规模来看，由于城镇人口的增加，"异地城镇化"和"就地城镇化"预计都会增加城镇的能源消费量，降低农村地区的能源消费量。但是，一方面，城镇化伴随着居民收入水平的提高，居民对耗能设备的需求会相应增加；另一方面，城镇化可以通过规模经济和更高的能源效率来减少能源需求。因此，城镇化对能源消费总量的影响并不确定。本小节将通过考察影响城乡居民能源消费差异的因素，定量分析城镇化对能源消费的直接影响和间接影响。

本小节使用的数据来自中国人民大学能源经济系开展的"中国家庭能源消费调查"（CRECS 2012）。样本覆盖中国 95 个地级及以上城市，包括 23 个省（自治区，不含江苏、西藏、青海、陕西、香港、澳门及台湾）的 91 个地级市和 4 个直辖市，样本量为 1425 户。样本包括 1144 户城镇家庭和 281 户农村家庭。

　　CRECS 2012 调查收集了样本家庭以下几方面的信息：①样本家庭所拥有的家用电器信息（如家用电器的功率和能效等）；②家庭日常生活涉及能源消费的活动（如做饭、取暖、制冷、热水等）；③家庭的能源消费习惯，包括与家庭成员一起进行的所有能源消费活动（如做饭、取暖、降温、热水等）的频率和持续时间。④家庭的各类能源［包括电力、煤炭、液化石油气、天然气、生物质能源（包括薪柴、动物粪便）、太阳能等］的消费量；⑤家庭基本特征，包括家庭收入及户主的受教育程度、职业、年龄等信息；⑥家庭的住宅特征，包括住宅面积、住宅年龄、是否有集中供暖等。为避免被访者对家庭能源消费的记忆偏误，CRECS 2012 通过耗能设备、耗能活动的资料对每种能源进行了详细计算，再乘以各类能源的标准折煤系数转换为千克标准煤为单位，最后加总得出家庭的能源消费总量。

　　CRECS 2012 的调查数据显示，我国居民的家庭生活中使用最多的能源类型是集中供暖、天然气、电力、生物质能和液化石油气，煤炭不再是家庭生活常用的能源类型。图 3.11 展示了城乡人均能源消费的分布情况，左图的横轴是家庭能源消费量的水平值，右图的横轴是家庭能源消费量的对数值。如图 3.11 所示，城镇家庭和农村家庭的人均能源消费均呈现对数正态分布，城镇家庭的能源消费分布情况比农村家庭的能源消费分布更偏右，说明城镇家庭的能源消费量比农村家庭的能源消费量更多。

　　除了能源消费总量以外，我们进一步分能源品种比较了城镇家庭和农村家庭各类能源的普及率和消费量（表 3.14）。调查数据显示，所有样本城乡家庭都使用了电能，与 2012 年中国的电力普及率达 99.8% 的基本事实保持一致。城镇家庭的集中供暖和天然气普及率更高，农村家庭使用煤炭、液化石油气和生物质能源的比例更高。表 3.15 比较了城镇家庭和农村家庭的能源消费总量和每种能源的消费量。其中，城镇家庭的电力、集中供暖、天然气的消费量较高，农村家庭的煤炭、液化石油气、生物质能的消费量较高。

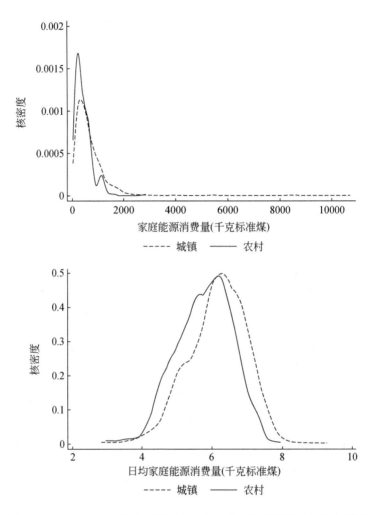

图 3.11　CRECS 2012 样本城镇家庭和农村家庭能源消费量的分布情况

资料来源：Xie et al.，2020

表 3.14　样本城镇家庭与农村家庭各类的能源普及率　　　（单位:%）

能源普及率	城镇家庭	农村家庭
电力	100.00	100.00
集中供暖	49.00	1.77
煤炭	4.71	43.10
液化石油气	25.50	58.00

能源普及率	城镇家庭	农村家庭
天然气	64.00	7.07
生物质能	8.48	78.10
太阳能	18.10	33.60

注：城镇家庭样本数为 1144，农村家庭样本数为 281

表 3.15　样本城镇家庭与农村家庭各类能源消费量　　　（单位：千克标准煤）

能源消费量	城镇家庭	农村家庭
合计	650.1078	428.1602
电力	102.1	65.7
集中供暖	358	9.173
煤炭	1.798	25.61
液化石油气	36.97	45.2
天然气	128.2	11.71
生物质能	23	270.7
太阳能	0.0398	0.0672

注：城镇家庭样本数为 1144，农村家庭样本数为 281

　　影响居民能源消费的因素有很多，如住房特征、家庭特征及家庭所处的外部环境。表 3.16 总结和比较了一些可能影响城镇居民和农村居民家庭能源消费的因素，并对城乡居民的能源消费影响因素进行了对比。

表 3.16　CRECS 2012 样本城镇居民和农村居民家庭能源消费影响因素

影响因素		农村家庭	城镇家庭		
			城市家庭	镇家庭	总体
住房特征	房龄（年）	17.84	13.38	14.27	13.56
	住房面积（平方米）	149.82	105.27	128.44	110.03
	是否集中供暖	0.017	0.558	0.226	0.49

影响因素		农村家庭	城镇家庭		
			城市家庭	镇家庭	总体
家庭特征	家庭成员数（人）	2.936	2.546	2.523	2.541
	人均年收入（千元）	19.61	49.12	46.1	48.48
	家庭成员平均年龄（岁）	44	42	41	42
受教育程度	未接受过教育	0.0461	0.00974	0.0383	0.0155
	小学、初中	0.748	0.154	0.366	0.196
	高中	0.167	0.28	0.289	0.282
	本科及以上	0.039	0.556	0.306	0.506

注：城镇家庭样本数为1144，其中市区样本905，镇样本235；农村家庭样本281

考虑到城镇化包括"异地城镇化"和"就地城镇化"两种形式，我们将城镇家庭进一步分为居住在市区内的家庭和居住在镇上的家庭，分别对应于"异地城镇化"和"就地城镇化"。根据 CRECS 2012，与农村家庭相比，城镇家庭的住房更新、面积更小，城镇家庭的收入更高、家庭规模更小、拥有更高的教育水平。市区家庭与镇家庭之间的特征也存在显著的差异，与镇家庭相比，市区家庭的住房更新、居住面积更小、拥有更高的收入水平和受教育程度，更有可能拥有集中供热。市区家庭和镇家庭的这些差异体现了在模拟城镇化对能源消费的影响时区分"异地城镇化"和"就地城镇化"的重要性。

3.4.1.2　城镇化对家庭能源消费的影响

通过采用计量经济学的方法，使用 CRECS 2012 样本数据，我们评估了影响家庭能源消费量相关的城乡虚拟变量、家庭特征、住房特征、地区固定效应等因素的回归方程。其中，城乡虚拟变量代表一些未观察到的城乡差异，包括城乡能源价格差异、城乡能源可获得性差异、城乡居民节能意识差异及城乡居民对方便、安全和清洁能源消费的支付意愿差异等因素。地区固定效应代表了其他未观察到的地区差异的影响，例如各省或县之间的天气和能源价格差异。

根据回归估计结果，同省城镇家庭的能源消费量平均比农村家庭能源消费高 17.7%。进一步向回归方程中增加家庭特征和住房特征，城乡虚拟变量的估计系数变为负值，表明在同一县内，具有相似的家庭特征和住房特征的城镇家庭的能源消费量比农村家庭少 26.4%。这一结果与城镇化提高了能源效率的推论一致。房龄较老、住房面积大、拥有集中供暖的家庭的能源消费量较高。家庭成员数越多的家庭，人均能源消费量越低，表明家庭生活的用能活动存在规模经济效应。

除了家庭能源消费总量外，家庭能源消费结构也很重要。因此，本小节进一步考察各类能源品的消费如何随着城镇化的变化而变化。对于三类主要的能源品种［电力、天然气（天然气+液化石油气）和煤炭］，我们分别考察了城镇化对三种能源类型的普及率和消费量的影响。

在能源品的普及率方面，家庭是否使用该类能源作为因变量，使用计量经济学的概率线性模型（PLM）和 Logit 模型，评估城乡虚拟变量、住房和家庭特征、地区固定效应等因素对家庭是否使用该类能源的概率。由于样本中电力的普及率达到了 100%，所以对能源品普及率的估计只含有其他两种主要能源类型，即天然气和煤炭。

评估结果显示，城镇化提高了天然气的普及率，减少了家庭使用煤炭的比例；房龄较老的家庭使用天然气的可能性较小，使用煤炭的可能性较大；拥有集中供暖的家庭使用天然气的可能性较大，使用煤炭的可能性较小。这样的结果与拥有集中供暖的住房一般基础设施更好、拥有天然气管道等基本事实一致。在回归评估的结果中，收入对天然气普及率的影响呈倒 U 型，但 U 型曲线的转折点高于样本中大多数家庭的收入。所以，这样的评估结果表明，收入水平越高，家庭的天然气接入率越高，但普及的速度在递减。而对于煤炭的普及率，收入几乎不产生影响。

接下来考察各类能源消费量与城乡虚拟变量、家庭和住房特征等因素的关系。在电力消费量的回归评估式中，城乡虚拟变量对家庭的电力消费量没有显著影响，而家庭和住房特征都对家庭的电力消费量产生了显著的影响。在煤炭消费量的回归评估式中，除家庭成员平均年龄以外，其他的家庭特征及住房特征都对家庭的煤炭消费量基本没有显著的影响。

综合各类能源的普及率和消费量的评估结果，可以得出城镇化对能源消费的影响主要包括能源结构的变化和各类能源消费量的变化。进一步计算城镇化对家庭能源消费的直接和间接影响，计算方法如下：从前文的计量结果中得到的城乡差异乘以每个能源消费量的决定因素对能源消费量的边际效应，得出各因素对城乡家庭能源消费差异的贡献。结果表明，城镇化通过改变家庭的外部环境直接降低家庭的能源消费量；城镇化还通过改变家庭和住房特征间接影响能源消费量：城镇地区的房屋较新、居住面积较小、家庭成员较为年轻，这些因素都降低了家庭能源消耗，同时城镇地区家庭成员数少、家庭收入高会增加家庭能源消费量。如表3.17所示，综合城镇化对家庭能源消费的直接和间接效应，城镇化会导致人均家庭能源消费量增加118.151千克标准煤（27.60%），其中，电力消费增加21.139千克标准煤（32.18%），天然气消费量增加85.34千克标准煤（35.14%），煤炭减少58.052千克标准煤（96.80%）。

表3.17　城镇化对人均家庭能源消费量的影响　　（单位：千克标准煤）

影响因素		能源消费量			
		电力	天然气	煤炭	总量
城乡虚拟变量		16.902	116.378	−10.93	−48.991
住房特征	房龄	0.586	5.389	−3.565	−10.567
	住房面积	−6.266	−13.638	−3.067	−65.815
	是否集中供暖	−4.358	−35.158	−28.817	183.977

影响因素		能源消费量			
		电力	天然气	煤炭	总量
家庭特征	家庭成员数	9.249	10.127	0.91	51.368
	家庭成员平均年龄	0.492	−0.7	−1.934	−9.13
	人均年收入	4.535	2.941	−10.648	17.309
变化量		21.139	85.34	−58.052	118.151

3.4.2 发展公共交通减少出行排放[①]

传统燃油汽车的使用会产生大量二氧化碳和多种污染物，二氧化碳排放加剧了温室效应，而多种空气污染物会严重危害公众健康。根据世界卫生组织（WHO）的一项研究，全球每年有 640 万人因城市空气污染而失去生命（Cohen et al.，2004）。除了碳排放和空气污染，汽车的广泛普及和使用造成的交通拥堵也会在一定程度上损害公共福利。为了减少汽车使用造成的二氧化碳排放、空气污染及交通拥堵等负外部性，投资修建或扩建城市轨道交通系统是常用的城市治理方式。轨道交通具有规模效应，城市轨道交通为出行提供了一种更加便捷、能源效率更高的出行方式。已有的研究普遍认为，轨道交通能够减少二氧化碳排放，缓解城市交通拥堵，减少空气污染物，改善低收入者进入劳动力市场的机会（Kain，1968；Vickrey，1969；Chen and Whalley，2012）。同样也由于公共交通所产生的正外部性，地铁、公交车的票价通常能够获得大量的政府补贴（Kenworth and Laube，2001；Parry and Small，2009）。

但轨道交通系统的扩张能否减少二氧化碳和空气污染的排放及缓解交通拥堵等负外部性，取决于轨道交通建设对居民出行量的总体影响，以及人们使用轨道交通替代其他出行方式的二氧化碳和空气污染

[①] 本小节内容主要基于笔者于 2016 年发表在 *Environment and Development Economics* 上的学术论文：*Automobile usage and urban rail transit expansion：evidence from a natural experiment in Beijing，China*。

物排放，以及交通拥堵等负外部性的影响情况。一些研究认为，政府可能高估了轨道交通客运量，从而高估了扩建公共交通系统的收益（Gordon and Willson，1984；Allport and Thomson，1990；Kain，1990，1992，1997；Pickrell，1992）。同时，轨道交通的扩建可能会刺激居民的出行总量，从而增加了能源消费总量（Vickrey，1969）。另外，人们选择轨道交通所替代的其他出行方式对轨道交通扩张的收益衡量也非常重要。如果轨道交通替代了排放和污染较高的私家车出行，则轨道交通的收益较高；如果轨道交通替代的是步行、自行车等更加低碳环保的交通方式，则轨道交通的收益可能没有想象中的那么高。

本小节主要研究城市轨道交通系统扩张对其他交通方式的影响及对城市交通拥堵的影响，试图回答城市轨道交通建设能否有效缓解城市交通拥堵，能否有效地减少私家车的使用，从而减少二氧化碳和其他空气污染物排放的问题。

3.4.2.1 北京轨道交通的发展情况

北京的地铁发展速度十分迅速，2002～2014年，北京共投资2000亿元用于修建新的地铁线路，地铁系统从2002年的只有39个站点的小规模轨道交通系统发展成为2014年拥有300多个站点的庞大的轨道交通网络。

本小节研究使用了北京2007年、2008年和2009年的个人出行数据。其间，北京地铁分别开通了5号线、8号线和10号线。其中，北京地铁5号线于2007年10月开通，是一条南北走向的地铁线路，全长28千米，有23个站点。8号线和10号线于2008年7月开通，包含东西向和南北向，全长29千米，有26个站点。三条地铁线路走向不同，覆盖范围广，具有一定的地理代表性。北京的发展是围绕天安门广场为中心，以环路的方式进行扩张，越靠近中心，居民的收入水平往往越高。地铁5号线、8号线和10号线以南北走向和东西走向跨越北京市区，涵盖的地理范围既有靠近中心城区的二三环地区，也有距离中心区较远的四五环地区（图3.12所示），覆盖了不同收入水平的居民。

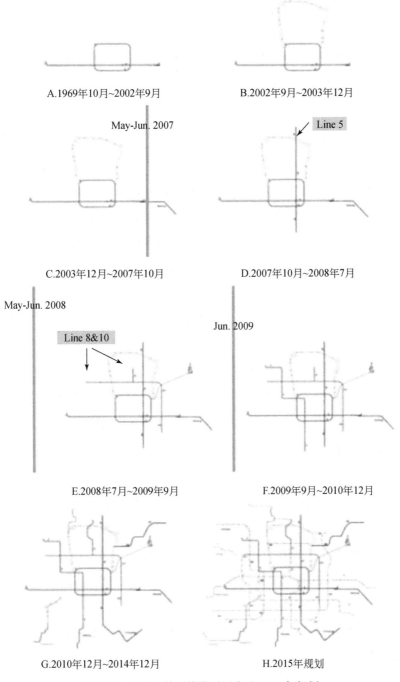

图 3.12　北京地铁系统发展历史及 2015 年规划

资料来源：Xie，2016

新地铁线路的开通，直接改善了新线路沿线居民的地铁可及性，而对其他地区居民的福利效应则是间接的。新线路沿线的居民更多地乘坐地铁，减少了私家车的使用，缓解了交通拥堵，其他地区的居民间接地从改善的道路交通状况中受益。

3.4.2.2 家庭出行情况

居民的微观出行数据来自北京交通中心（Beijing Transportation Center，BTC）的北京家庭出行调查（Beijing Household Transportation Survey，BHTS）。北京家庭出行调查始于 20 世纪 80 年代，每年开展一次，在北京市区 8 城区中随机选择样本家庭进行调查。BTC 将市区划分为多个交通分析小区（Traffic Analysis Zone，TAZ）。调查按照 TAZ 进行分层抽样，根据面积和人口的不同，每个城区有 16～238 个 TAZ。每个 TAZ 内抽取约 25 个家庭，调查其在指定的 24 小时内的出行行为，包括：①出行信息：家庭出行日每段出行的详细信息，包括出行的目的（如上班、购物、换乘另外一种交通工具）、出行交通工具（如汽车、公共汽车、地铁）、出行距离、出行开始和结束时间，以及出发地和目的地的 TAZ 代码；②家庭信息：包括家庭居住地的 TAZ 代码、汽车拥有量和家庭月收入；③家庭成员信息：包括性别、年龄、职业、是否持有驾照，以及工作地点（如果是职工）或就读的学校所在地（如果是学生）的 TAZ 代码。调查中的 14 种交通工具主要可以为四大类：①地铁；②公交车；③汽车（包括驾驶或乘坐私人/单位公用的汽车，乘坐出租车）；④步行或骑自行车。

为了衡量每个 TAZ 的轨道交通可及性，我们使用 BTC 提供的 TAZ 数字地图和 OpenStreetMap（OSM）数据库中的地铁站地图，计算了 2007 年、2008 年和 2009 年每个 TAZ 的中心与距离最近的地铁站点的轨道交通的距离。如果 TAZ 到最近地铁站的距离在 2008 年（5 号线开通后）或 2009 年（8 号线和 10 号线开通后）缩小了，则该 TAZ 被定义为"实验组"，会受到新线路开通的直接影响。如果在 2008 年和

2009 年期间，TAZ 距离最近的地铁站的距离未发生变化，则被归为"对照组"，没有受到新线路开通的影响。经过计算，"实验组"和"对照组"分别有 31 个和 40 个 TAZ。在"实验组"中，有 19 个 TAZ 在第一轮调查后受到了地铁线路开通的影响，而其他 12 个 TAZ 是在两轮调查后受到新线路开通的影响。所以，"实验组"也可以按照受影响的时间划分为"早期实验组"和"晚期实验组"。根据计算结果划分的样本交通小区分布如图 3.13 所示。

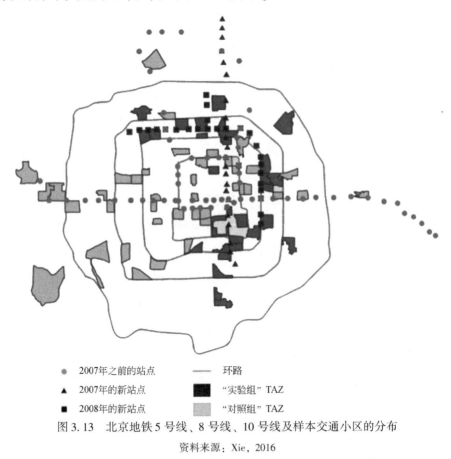

图 3.13 北京地铁 5 号线、8 号线、10 号线及样本交通小区的分布

资料来源：Xie，2016

3.4.2.3 轨道交通对出行方式的影响及其减排效应

在调查数据中的众多出行目的中，本小节聚焦地铁开通对上班出

行和上学出行的影响。选择这两类出行目的的原因在于：第一，由于多数交通拥堵发生在早晚高峰时段，拥堵对上班和上学的影响较大，而对其他目的的出行影响则不大；第二，大部分居民的出行目的地的选择和出行方式的选择通常是同时决定的，特别是对于外出购物等目的的出行，而在工作出行和上学出行上，目的地通常较为固定，可以看作是既定目的地的交通方式的选择。通过将研究的样本限制为上班通勤和上学通勤，可以将目的地选择和交通方式选择分离，单独研究交通方式的选择。

出行方式由四个连续的变量表示，分别为从起点到终点的出行过程中采用四种交通方式（地铁、汽车、公交车、骑行和步行）行驶的距离占出行全程距离的百分比。调研数据显示，汽车出行的平均百分比约为30%，是第二大比例，仅次于骑行和步行出行的距离占比。尽管地铁使用量只占工作出行的一小部分，但在"实验组"中，这一比例逐年增加。

除了出行的交通方式，本小节还研究了地铁新线路对居民出行次数和出行距离的影响。测量出行距离采用两种方法，一种是将被访居民报告的每段行程的距离相加得到出行的总距离。但居民对出行距离的估计和回忆可能会存在偏差。为了避免这些误差，我们采用了从出发地所在的 TAZ 到目的地所在的 TAZ 的两个区域中心的距离，作为出行的距离。

由于没有受到地铁新线路开通直接影响的地区也可能通过被缓解的交通拥堵而受到间接影响，我们在模型中还估计了地铁新路线开通对"对照组"的溢出效应。假设 TAZ_j 属于"对照组"，没有受到新线路开通的直接影响，TAZ_i 属于"实验组"，受到了新线路开通的直接影响。TAZ_i 因地铁新线路开通，地面交通的状况变好，所有从 TAZ_i 到 TAZ_j 的出行变得更通畅。因此，溢出效应强度可以用从 TAZ_i 到 TAZ_j 的出行次数来衡量，出行次数越多，从缓解的交通拥堵中获得的收益就越多。TAZ_j 从新线路开通受到的所有间接影响是从所有"实验组"的 TAZ 到该 TAZ_j 的出行次数的总和。

除了轨道交通的可达性外，公共交通工具的使用还受到交通基础设施特点的影响，例如公路覆盖的范围和公交车站的数量。我们从OpenStreetMap 数据库中得到北京公路和公交站点的空间分布。利用这些数据，配合 TAZ 的分布地图，可计算出每个 TAZ 的公路覆盖范围和公交车站数目。

使用 DID 的计量经济学方法，我们评估了地铁线路扩展对各类交通方式的出行距离占出行总距离的百分比的影响。评估结果显示，地铁扩建对地铁的使用具有正向的显著的影响；对公交车的影响在统计上不显著；当控制人口统计学变量时，地铁扩建对步行和骑行的影响具有显著的正向影响。至于对汽车的影响，主要是通过影响汽车的出行里程的直接效应，而通过改变汽车拥有量的间接效用的影响很小。

具体而言，地铁新线路的开通使居民出行的里程中采用地铁这种交通方式的百分比提高了 2.73 个百分比（从 2.54% 增加到 5.27%），增长了一倍多。地铁新线路的开通使居民出行里程中采用汽车这种交通方式的百分比降低了 4.89 个百分点（从 30.31% 降至 25.42%），减少了 16%。地铁新线路的开通使居民出行里程中采用公交车方式的百分比减少了 1.89 个百分点（从 26.22% 降至 24.33%），降低了 7%，但在统计上不显著。步行和骑行出行的距离占全部出行历程的百分比增加了 4.06 个百分点（从 40.9% 增加到 44.96%），增长了 10%。这些评估结果表明，地铁扩建将促使居民的出行方式从汽车转向地铁，而对公交车的使用没有显著影响，步行和骑行出行距离的增加表明了步行和骑自行车是地铁出行的互补品。

地铁扩建使沿线居民出行更加快捷、更加方便，居民有可能会增加出行的次数、增加出行的距离。所以，我们进一步考察地铁新线路开通对居民出行次数和出行距离的影响。研究发现地铁扩建对居民出行次数和出行距离的影响在统计上并不显著，这可能是由于本小节研究采用的样本数据时间跨度较小、区域之间的外部性较弱造成的。

研究还进一步评估了地铁新线路所减少的汽车使用量带来的二氧

化碳和空气污染物减排及环境收益。许多研究表明，汽车使用带来的外部性包括温室气体、空气污染物、交通拥堵、交通事故、噪声等，会对公众健康造成严重危害。其中颗粒物是汽车排放的主要污染物之一，与心肺疾病、呼吸道疾病、肺癌和婴幼儿的死亡有关；汽车尾气中的其他污染物，例如一氧化碳和氮氧化物，也与婴儿死亡和儿童哮喘有关（Chayand Greenstone，2003；EPA，2004；Neidell，2004；Currieand Neidell，2005）。Parry 和 Small（2009）估计了世界上几个大城市汽车使用造成的外部性成本，发现汽车使用带来的外部成本从华盛顿的每英里①0.46 美元到伦敦的每英里 2.42 美元不等。虽然由于平均工资较低，北京市区的时间价值和统计寿命价值可能低于华盛顿特区，但考虑到北京市区人口密度较高，空气污染造成的负外部性不一定较低。样本中的家庭的平均出行距离为 8 千米，地铁系统的扩张使每次出行里程中约有 0.4 千米从汽车转变为其他交通方式。根据北京市 2015 年地铁线路的规划，规划完成后北京市区所有居民将至少能够在步行可达的距离内到达一个地铁站。根据样本调查数据，北京有三分之二的市民每天至少往返一次工作目的地。根据地铁新线路的开通使居民出行中的汽车使用量下降约 16%（采用汽车这种交通方式的出行历程占全部出行历程的比重从 30.31% 降至 25.42%）来计量，这意味着地铁新线路的开通带来每日减少的汽车里程达 627 万千米，环境收益为 180 万 ~949 万美元。假设每年有 250 个工作日，则每年带来的环境收益为 4.5 亿 ~23.7 亿美元。

3.5　减排的成本——气候变化的政策模型②

决策者在制定气候变化政策时面临着经济增长和温室气体减排的权

---

① 1 英里 = 1609.344 米。

② 本小节内容主要基于笔者于 2010 年发表在 *Journal of Natural Resources Policy Research* 上的学术论文：*A Policy Model for Climate Change in California*。

衡，而这一权衡依赖对气候变化政策成本和收益的分析。本小节将介绍美国加利福尼亚州政府在制定气候变化政策时使用的分析框架——环境动态收入分析模型（E-DRAM），帮助读者理解减排政策背后的成本收益分析。E-DRAM 模型可用于评估气候政策对经济增长、当地居民收入和就业的影响。模型模拟表明，温室气体减排政策能够在全社会整体层面产生净的经济效益，但成本和收益的分布是不均匀的，有些部门从气候减排中得到净收益，而有些部门承担了净损失。

本小节首先介绍加利福尼亚州温室气体排放的主要来源和当地控制温室气体排放的主要政策工具，概述加利福尼亚州温室气体减排政策。其次介绍 E-DRAM 模型，然后使用 E-DRAM 模型分别分析了三个不同层面的温室气体减排政策：一是，加利福尼亚州总体层面的气候变化政策计划（包括总量管制和交易）；二是，汽车燃料层面的减排计划；三是，发电部门的温室气体减排政策。最后是关于模型应用的思考和政策含义。

3.5.1 美国加利福尼亚州碳排放的主要来源和减排政策工具

美国加利福尼亚州温室气体的最大来源是交通运输部门（主要是汽车和卡车），占加利福尼亚州温室气体排放总量的38%。加利福尼亚州温室气体的第二大来源是电力、商业和居民部门的能源消费，占温室气体排放总量的31%，其中22%来自电力消费，9%来自商业和居民部门的能源消费。第三大温室气体排放来源是工业部门，占温室气体排放总量的20%。工业部门包括炼油厂、石油和天然气生产、水泥厂和食品加工业等。与交通运输部门不同，工业部门的二氧化碳排放预计不会大幅增长。但是，工业部门的石油和天然气生产及石化产业所生产的产品是交通运输碳排放的来源。所以，温室气体减排政策需要将减排重点放在电力消费和发电、交通运输等经济活动上。

加利福尼亚州的温室气体减排政策工具主要分为两类：一类是命令与控制（Command and Control，CAC），另一类是基于市场的减排手段（Market-based Instruments，MBI）。CAC 也被称为"标准"或"技术强制"方法，这类政策通常为碳排放活动施加强制的实施标准，例如直接限制碳排放或要求使用特定技术。而 MBI 政策中的典型做法是为一定数量的碳排放发放许可证（配额），并允许生产商交易碳排放许可证——因此称为"配额交易"。还有一种经典的 MBI 减排工具是利用税收、费用或补贴来抑制或鼓励某些消费品、投入品或者技术的使用。加利福尼亚州的减排政策中通常同时使用 CAC 和 MBI 两类政策工具。

3.5.2　加利福尼亚州的温室气体减排政策

加利福尼亚州的温室气体减排政策始于 2002 年，时任加利福尼亚州州长的格雷·戴维斯（Gray Davis）签署了 AB 1493 Pavley 法案，要求加利福尼亚州空气资源委员会（California Air Resources Board，CARB）制定法规，以限制加利福尼亚州销售的汽车的温室气体排放。这一政策引发了汽车业的诉讼，而本小节介绍的 E-DRAM 模型则在这场诉讼中发挥了重要作用。

2005 年签署的 S-3-05 行政令为加利福尼亚州设定了到 2050 年在 1990 年水平上减少 80% 的碳排放的进一步目标。2006 年，加利福尼亚州采取了更加激进的温室气体减排政策。时任州长阿诺德·施瓦辛格（Arnold Schwarzenegger）签署了 AB 32 法案——《全球变暖解决方案法案》（Global Warming Solutions Act）。AB 32 法案为加利福尼亚州设定了至 2020 年恢复到 1990 年碳排放水平的目标，并要求采取必要措施以实现这一减排目标。按照加利福尼亚州当时的碳排放水平，要恢复到 1990 年的碳排放水平，每年需要减少 1.74 亿吨的碳当量排放（MMTCO$_2$E）。

2008 年，CARB 作为执行 AB 32 法案的牵头机构，通过了"气候变化范围计划"（Climate Change Scoping Plan），通过该计划的实施，实现加利福尼亚州到2020 年恢复至1990 年碳排放水平的目标。"气候变化范围计划"纳入并扩展了 AB 32 法案之前引入的许多温室气体减排战略，如对车辆排放标准的要求。"气候变化范围计划"中的减排措施还包括了替代汽车燃料的标准（Low Carbon Fuel Standards，LCFS；称为低碳燃料标准），关于发电部门的可再生能源要求（the Renewable Electricity Standard，RES；可再生电力标准），碳排放配额交易制度，建筑物能效标准，高峰电价，交通和土地利用战略，补贴（如针对家用光伏的补贴）和收费（如减少工业生产中的非碳温室气体排放），甲烷捕获，碳封存，对石油、天然气和水泥行业的监管，等等。

"气候变化范围计划"对温室气体排放水平较高部门的排放设定了总额限制，包括发电、石油和天然气开采、炼油、水泥等行业。这些部门每年的碳排放量被限制在 146.7 $MMTCO_2E$ 以内。这些部门的碳排放量约占加利福尼亚州碳排放总量的85%。其他工业部门不受上述配额限制，但每年也需要减少 27.3 $MMTCO_2E$。

"气候变化范围计划"中的措施既包括 CAC 也包括 MBI，其中有几项措施并不能简单地属于 CAC 类或 MBI 类，而是两种类型的减排政策的融合。例如，可再生电力标准也设定了可交易的配额，可以根据 AB 1493 Pavley 法案的车辆排放标准和 LCFS 标准对排放进行平均或交易。

配额交易系统向企业发放或组织拍卖排放许可证，配额的总额度为 146.7 $MMTCO_2E$。然后，公司之间可以进行排放许可证的二次交易，这种制度为碳排放创造了一个交易市场，通过交易市场揭示碳排放的定价。配额交易将作为西部气候倡议的一部分成立一个地区性的碳排放交易市场，实现加利福尼亚州与其他州以及加拿大各省在碳排放方面的合作。

"气候变化范围计划"是一项涵盖面非常广的综合性计划。其中，

AB 1007 Pavley 法案要求交通部门替代更多的化石燃料，S-0107 行政令要求通过一项低碳燃料标准，以实现在 2020 年前将加利福尼亚州交通燃料的碳排放强度降低至少 10%。2007 年 12 月，CARB 和加利福尼亚州能源委员会（California Energy Commission，CEC）通过了一项旨在实现 LCFS 目标的替代燃料计划，该计划建议将 CAC 与 MBI 两种方式的政策工具相结合以鼓励创新技术。

可再生电力标准（RES）是"气候变化范围计划"的重要组成部分。2008 年，加利福尼亚州 12% 的电力来自可再生能源。2002 年通过的 SB 1078（SHER）法案设定了 20% 的可再生能源标准。SB 107（Simitian）法案为公用事业设定了 20% 的标准。加利福尼亚州最大的三家公用事业公司也采取了类似的政策。S-21-09 行政令设定了到 2020 年可再生能源占比达到 33% 的目标。按照"气候变化范围计划"，利用可再生能源产生的电力每年能够带来 21.3 $MMTCO_2E$ 的减排量。

"气候变化范围计划"也对能源效率设定了要求和标准，预计将减少 26.3 $MMTCO_2E$ 的碳排放量。实现能源效率目标的主要措施包括热电联产、利用太阳能加热水、设定建筑和电器的能源效率标准等。

在"气候变化范围计划"中，机动车排放标准预计占 31.7 $MMTCO_2E$。

以上四类计划——LCFS、可再生电力、能源效率和机动车排放标准，既包括 CAC 形式的政策工具，也包括 MBI 形式的政策工具。这些措施有效地限制了碳排放量较高的部门的温室气体排放，占到减排目标 146.7 $MMTCO_2E$ 中的很大一部分。但仅靠这些措施还不足以将二氧化碳排放量减少到目标的限额水平。剩余的减排量将通过总量管制和交易计划来完成。总量管制和交易制度就会激励企业采用新的排放控制技术或以其他方式改变生产方法。

3.5.3　E-DRAM 模型介绍

动态收入分析模型（The Dynamic Revenue Analysis Model，DRAM）

是由加利福尼亚州大学伯克利分校（University of California, Berkeley）和加利福尼亚州财政部（California Department of Finance, DOF）共同开发的，用于分析拟定政策的效果。环境动态收入分析模型（E-DRAM）是在 DRAM 模型的基础上改进而来。E-DRAM 模型描述了加利福尼亚州生产商、家庭、州政府和世界其他地区之间的关系。该模型将单个生产者、家庭和政府机构聚合为 186 个部门，包括 120 个工业部门，2 个生产要素部门（劳动力和资本），9 个消费品部门，8 个家庭部门，1 个投资部门，45 个政府部门，以及代表世界其他地区的 1 个部门。

生产类似产品的公司都被归入 120 个工业部门之一。例如，农业部门包含了加利福尼亚州所有生产农产品的公司，而模型中该部门的产值就是这些产品的价值总额。一个部门的劳动力需求是该部门所有公司所使用的劳动力的总和。这些综合数据代表了加利福尼亚州经济的主要工商业部门。每个部门都被模型化为一个代表性的生产者，选择最优的投入和产出水平以实现利润最大化，这些生产决策是投入品和产出品价格的函数。

生产的投入要素包括劳动力、资本和中间产品。在中间产品市场上，公司将其产品出售给其他公司，其他公司将中间产品作为消费品生产的投入品。一个典型的例子是化工厂出售给农业部门的化肥，因此化学工业部门的最终产品是农业部门的中间产品。

家庭按照所得税的边际税率（从而也是按照家庭收入）划分为 8 类，每个类别对应于加州个人所得税边际税率，例如"1%"，所有适用所得税边际税率 1% 的家庭的收入加总，就成为了边际税率 1% 的家庭类别的收入。这些家庭的所有农产品支出相加就构成了边际税率 1% 的家庭类别的农产品支出。家庭部门在农产品上的总支出是所有八个类别的家庭的农产品支出的总和。

家庭与企业从两个方面建立联系：一方面，家庭从企业购买商品和服务；另一方面，家庭向企业出售劳动力和资本。和企业一样，家庭也被模型化为价格接受者。家庭的劳动供给（劳动供给是工资率的函数）构成了社会整体的劳动力供给函数。家庭对商品和服务的需求（商品和服务需求是价格的函数）构成了社会整体的需求函数。

E-DRAM 模型中各种商品和服务的价格进行动态调整，以平衡商品、服务和生产要素的需求和供应，在各个市场上达到市场出清。这种劳动力和资本要素市场以及商品和服务市场的均衡定义了一个简单的一般均衡体系，包含 122 个市场出清价格，分别为：工资水平、资本租金，以及 120 个部门所生产的 120 种商品的市场价格。

模型中还构建了一个代表政府的部门，以便对政府的收入和支出进行研究。E-DRAM 包括 45 个政府部门：7 个联邦部门、27 个州和 11 个地方部门。政府部门通过税收获得收入，政府部门也向社会提供商品和服务（如公园）；政府将收入用于购买商品和服务（如办公用品），或者将税收收入转移到需要的家庭（如社保支付）。政府部门还为社会提供道路和教育等生产要素。

在模型的设定中，加利福尼亚州是一个开放的经济体，可以自由地与邻近的州和其他国家（地区）进行商品、服务、劳动力和资本的贸易，这些贸易在模型中都用一个代表加利福尼亚州之外的其他地区的部门来代表。加利福尼亚州的进口商品（如香蕉）不是加利福尼亚州本地生产的商品（如鳄梨）的完美替代品。加利福尼亚州只是资本市场的一小部分，所以加利福尼亚州的资本供给曲线是一条非常有弹性的曲线。劳动力也是可以自由转移的，其他地区的居民可以成为"移民"为加利福尼亚州提供劳动力。

E-DRAM 模型追踪了汽车燃料和电力生产消费过程中发生碳排放的关键节点。例如，石油从油井中被开采，运输到炼油厂，石油经过炼化，作为消费品运输到加油站，最终在汽车发动机里燃烧，每一步都会产生温室气体排放。为了做到不重不漏地计算，温室气体通常是按某一地点的排放量进行测量的。例如，加利福尼亚州汽车消耗汽油所产生的碳排放计入加利福尼亚州的碳排放。然而，只有在加利福尼亚州也进行石油的炼化时，石油炼化过程中产生的碳排放才会被计入加利福尼亚州的碳排放。

作为地区性一般均衡模型，E-DRAM 模型在以下几个方面与国家的模型不同：①区域模型并不要求储蓄等于投资；②贸易和移民在区域模型中更为重要；③区域经济体无法控制货币政策；④一些地方税可以抵扣；⑤加利福尼亚州政府的预算必须平衡，与美国作为一个国家整体不同。

利用模型获得政策效果的方法是，运行两次 E-DRAM 模型，一次将政策拟定的变化加入模型中，得到市场均衡的结果，成为政策情景；另一次不加入政策变化，通常成为 BAU（Business as Usual）基准情景。然后将两次模型结果进行比较，就得到政策对经济社会的影响。

3.5.4 加利福尼亚州气候变化政策的模型分析

3.5.4.1 对监管标准建模

成本和减排数据由 CARB 和加利福尼亚州其他部门的工作人员提供，这些数据是基于现有的工业方法和减排技术信息计算的，并使用了 CARB 的长期方法来确定拟设立的政策法规的成本、碳减排及成本效益。模型的分析结果对这些假设具有很高的敏感性。CARB 工作人员提供的关于"气候变化范围计划"中不同政策措施的成本和减排数据的取值范围很大，数据范围的大小主要取决于监管过程的进展。例如，在对"气候变化范围计划"进行 E-DRAM 分析后，获得了关于 LCFS 和可再生电力政策的更多详细的数据和信息，这些详细信息就会在后来专门针对 LCFS 和可再生电力的 E-DRAM 模型分析中发挥作用。

E-DRAM 模型考虑了改变生产方式以达到排放标准需要付出的成本，以及由于减少能源使用而减少的碳排放，还计算了这种变化对市场价格和产量的影响。例如，燃油效率可以通过制造六速变速器的汽车来提高，模型中会考虑生产六速变速器的成本增加、由此导致的市场价格上涨、价格变化导致的车辆数量减少及消费者在汽油上的支出减少。

3.5.4.2 对碳市场建模

"气候变化范围计划"中设计的碳交易市场的配额随着时间逐渐减少，碳市场的配额交易可以对碳排放进行定价，从而将碳转化成为企业生产的一种有价投入品。化石燃料的价格、碳排放密集型消费品的生产成本及这些商品的价格都会随之上升，消费者减少购买，商品的产量减少。本小节模型的任务之一就是量化确定价格上涨对产出的影响。

虽然碳排放配额交易制度减少了碳密集型商品的生产，但也为其他商品的购买和生产腾出了更多的资金。主要包括两种方式：

第一种方式是，拥有富余的碳排放配额的企业可以通过转让配额从碳市场中获得收入。为了将这种碳交易收入的影响与税收政策的影响区分开，模型将从配额中获得的收入设定为以一次性的方式返还给消费者，相当于拍卖碳排放权后将拍卖收入返还给消费者。另一种选择是允许目前的污染者拥有许可证而无需支付费用。由于受碳排放配额约束的行业（如电力公用事业）的大部分公司股东居住在州外，如果采取允许排放者拥有排放权利的方式，大部分资金将积累到加利福尼亚州之外。在本小节的研究中，我们参考加利福尼亚州在美国资产所有权中的份额，估计大约有10%的收入将留在州内。

第二种方式是消费者将原先花在碳密集型商品上的支出重新分配到其他商品上，在碳排放配额交易制度下，这些碳密集商品的价格比BAU基准情景中更高。例如，从燃料上节约的开支可以用于购买医疗保健服务和衣服等商品。

模型中涉及的另一个重要问题是碳排放的转移和泄漏：加利福尼亚州减排可能会导致其他州排放量增加。这个问题在电力部门尤其重要，因为加利福尼亚州的电力消费有四分之一来自其他州，而发电又是二氧化碳排放的重要来源，加利福尼亚州进口的电力多数是煤电。为了解决碳排放的转移和泄漏问题，AB 32 法案既要求减少本州的碳排放，也要求减少州外发电的碳排放。因此，"气候变化范围计划"与西部气候倡议（Western Climate Initiative，WCI）挂钩。WCI 的目标是限制整个地区的排放，避免跨州的碳排放转移和泄漏。为了与这些政策保持一致，E-DRAM 将进口电力产生的碳排放也计入加利福尼亚州的碳排放量。

为了找到均衡的碳市场价格，E-DRAM 用一系列的商品价格向量进行多次运行。我们首先挑选一个价格的初始值，例如 60 美元/吨的二氧化碳，找出在这个价格下可以实现收支平衡的所有政策措施，将这些措施应用到模型中，设定碳排放为每吨 60 美元的价格，并运行模型。如果这次模型的运行结果显示经济系统实现了比目标设定更多的碳排放，则降低碳市场的价格再重复计算一次，直到系统实现的减排量与目标设定一致。

根据 E-DRAM 模型的预测，企业需要以每吨 10 美元的均衡价格进行碳排放配额的交易。这不是减少一吨碳排放的平均成本，而是企业自愿减排的最高成本。也就是说，如果企业减少一吨碳排放的成本超过 10 美元，企业将通过在碳市场中购买配额的方式而非自我减排的方式来满足排放额的限制。

3.5.4.3 气候变化政策对加利福尼亚州经济的影响

根据模型模拟的结果，"气候变化范围计划"的实施将为加利福尼亚州带来总体正的净经济效益。如果实施温室气体减排行动，加利福尼亚州的生产总值（GSP）、居民收入和就业的增长会略高于 BAU 基准情景下的增长。在 BAU 基准情景下，加利福尼亚州的地区生产总值将从 2007 年的约 1.8 万亿美元增加到 2020 年的 2.6 万亿美元；个人收入每年增长 2.8%，从 2007 年的 1.5 万亿美元增加到 2020 年的

2.1 万亿美元；就业人数每年增长 0.9%，从 2007 年的 1640 万个工作岗位增加到 2020 年的 1840 万个工作岗位。而如果实施了"气候变化范围计划"，加利福尼亚州生产总值的增长会比 BAU 基准情景高出约 0.3%，个人收入比 BAU 基准情景高 0.8%；就业率比 BAU 基准情景高 0.6%。

实施"气候变化范围计划"的净收益主要来自能源支出减少。"气候变化范围计划"中的政策措施要么要求对节能设备进行投资，要么对节能投资实行激励。例如，在 2020 年，"气候变化范围计划"的实施能够减少 46 亿加仑①汽油的消费，这意味着加利福尼亚州将比 BAU 基准情景下少使用 25% 的汽油。"气候变化范围计划"的实施能够减少 74 000 吉瓦时的电力消费，比 BAU 基准情景中的电力消费少 22%。这些减少的能源消费及节约的能源支出使消费者能够增加能源以外的商品和服务。

"气候变化范围计划"中的许多单项措施会对商品价格产生不同方向的影响。例如，一项能源效率政策可能会减少能源消费量，从而降低能源价格；碳交易价格会提高能源价格，从而起到相反的作用。综合考虑这两种政策的影响，E-DRAM 模型将确定哪一种效应更强。

根据模型模拟结果，虽然 AB 32 法案对大多数工业部门的影响较小，甚至对有些企业产生了积极的影响，但影响不是均匀分布于各个行业的。与 BAU 基准情景相比，公用事业部门的产出和就业增长可能会下降，而零售业的下降程度则较小。

在模型中消费者购买汽油被计入了"零售业"。到 2020 年，在 BAU 基准情景和 AB 32 情景中，零售业都将增长近 50%。与 BAU 基准情景相比，AB 32 情景中汽油消费支出减少了 190 亿美元，但其他零售业务的支出增加了 140 亿美元，在一定程度上抵消了零售业规模的下降。这在一定程度上也可以由该模型假设汽油价格上涨快于其他

---

① 加仑是一种容（体）积单位，分美制加仑和英制加仑。1 加仑（美）≈3.7854 升。

零售商品价格的假设来解释。2006年，当汽油价格飙升时，消费者的汽油支出确实非常高，但餐饮消费的支出却下降了（Gicheva et al., 2007）。

然而，"气候变化范围计划"对公用事业部门增长的影响是真实的。公用事业部门包括了提供电力和天然气（与天然气开采不同）及其他服务的部门。实施"气候变化范围计划"后，电价比BAU基准情景上涨11%，天然气价格比BAU基准情景上涨9%。其中一个原因是，风能和太阳能发电比化石燃料发电（尤其是煤炭）的成本更高。价格越高，产量越低。除了价格效应，节约和提高能效的措施也大大减少了对额外发电和天然气消耗的需求。

"气候变化范围计划"实施后，与BAU基准情景相比，2020年公用事业部门产出的增长比BAU基准情景少17%，就业增长比BAU基准情景低15%。然而，整个加利福尼亚州的总体就业增加了。在能源效率和可再生能源上的支出为其他行业创造了就业机会，如建筑业。大多数公用事业工人都受过良好的培训，工人流动性强，可以迅速接受再培训并在其他部门就业。

农业部门从"气候变化范围计划"中获得了较多的收益。农业、林业和渔业部门的产出和就业在"气候变化范围计划"下比在BAU基准情景下增长了3%。这一增长在很大程度上归因于两个因素：①能源效率提高降低了生产成本；②用于生产乙醇等生物质能源的农业产出需求增加。这一结果对政策的公平性和政治可行性都有重要影响。农业为许多低收入家庭提供了就业机会，在加利福尼亚州，农业利益具有重要的政治意义。

采矿、石油和天然气开采行业在"气候变化范围计划"下的增长比BAU基准情景更多。增长主要来自于石油和天然气开采，其中能源效率节约带来的收益超过了"气候变化范围计划"措施的成本。

炼油行业的产量比BAU基准情景低27%。因为气候政策的一个关键目标是鼓励消费者减少购买交通燃料。不过，炼油行业的就业人数并没有大幅下降，因为几乎所有产出的减少都是由于减少了进口汽油所导致的。炼油业对州内就业几乎没有影响。

3.5.4.4 低碳的燃料标准对经济的影响

加利福尼亚州空气资源委员会（CARB）采用了 AB 1007 法案制定的一项替代燃料项目作为低碳燃料标准（LCFS），以提高对交通燃料的替代。项目的规划过程力求最大限度地降低经济成本，最大限度地提高加利福尼亚州燃料生产的经济效益。项目的目标包括减少化石燃料的使用，增加生物质能源的使用和加利福尼亚州的生物质能源生产。

LCFS 的基本原则是，汽车的碳排放取决于：汽车行驶里程、每加仑燃料的行驶里程、每加仑燃料的含碳量。燃料标准可以降低每加仑燃料的碳含量，而 Pavley 标准可以提高每加仑燃料的行驶里程和每加仑燃料的碳含量。

在 AB 1007 法案实施之前，CEC 和 CARB 使用 E-DRAM 的宏观经济模型分析了替代汽车燃料对加利福尼亚州产出、就业和个人收入的影响。评估中设定了三种可能的情景，每种情景对应不同的未来技术发展情况。情景 1 基于乙醇和氢燃料电池汽车；情景 2 基于生物质能源和插电式混合动力汽车；情景 3 基于生物质能源和氢燃料电池汽车。模型预测了 2012 年、2017 年、2022 年、2030 年和 2050 年加利福尼亚州的 BAU 基准情景和以上三种替代燃料情景的经济表现。

总而言之，三种替代燃料情景都需要大量的公共投入。至 2050 年，情景 1 和情景 3 中，政府需要花费超过 180 亿美元来实施这两种政策。这两种情景的最终结果是约 140 亿美元的巨额净成本。在州个人收入方面，它们分别提高了 35 亿美元和 23 亿美元的个人收入。但在个人收入增加的同时，州政府提供的公共服务减少了 180 亿美元。情景 2 基于生物质能源和插电式混合动力汽车，需要的公共投入规模较小，只有 15 亿美元，最终的净收益为 51 亿美元。在这种情景中，个人收入减少了39亿美元；但从社会整体来看，这种情景下个人收入和州政府提供的公共服务的变化总和受到的影响最小。

3.5.4.5 新能源电力标准对加利福尼亚州经济的影响

2010年，加利福尼亚州约20%的电力消费由可再生能源提供。RES要求到2020年可再生能源占电力消费的比例达到33%，可减少21.3 MMTCO$_2$E。电力既是企业生产过程中使用的中间产品，也是家庭消耗的最终产品。E-DRAM模型测算了到2020年实现33%可再生能源比例所需要的成本和收益。

模型分析中包含的可再生能源有风能、太阳能、地热能、生物质能、沼气和小规模水力发电。风能是可再生能源中发电量最多的一种能源类型，而小规模水力发电的发电量最少（2020年风能与水力发电的比例为100∶1）。

在当前和可预期的技术下，可再生电力的成本比化石燃料发电高。在33%的可再生能源比例约束下，2020年发电的净成本比在20%比例的BAU基准情景下多出约20亿美元。消费者因价格上涨而减少电力消费，配电部门的产量减少，电力出口也降低了；但如果其他州的电力消费也实行了类似的RES标准，可能会有不同的结果。

可再生电力生产的增加使得为可再生能源发电提供中间产品的部门的产量增加，包括建筑业、金属制造业和农业。非可再生能源发电量的减少降低了石油和天然气部门的产量。天然气是电力生产的一种投入，一部分来自加利福尼亚州本地，一部分来自其他州的进口。RES对整个州经济的影响很小：与BAU基准情景相比，实行RES后经济体的产出、GSP、居民收入和就业方面的差异不到0.5%，且都是正向的。虽然RES提高了发电成本，但增加了GSP，因为加利福尼亚州本地的天然气取代了天然气进口。

总的来说，加利福尼亚州气候变化政策的设计中考虑了政策对整体经济的潜在影响。减少碳排放的措施通常能减少消费者的能源支出，节约的资金可用于其他商品和服务的消费。研究发现，政策结果的分布是不均匀的。另外，模型中没有纳入碳减排带来的环境质量收益，以及其他化石燃料污染减少带来的健康和环境收益。E-DRAM 模型对宏观经济影响的评估是制定气候政策的一个重要部分。模型表明，气候政策或许可以实现减排与经济增长双赢。

第4章 增加森林碳汇 吸收二氧化碳

大气中二氧化碳的积累速度由二氧化碳的排放速度和吸收速度共同决定。本章研究内容将从二氧化碳排放转向二氧化碳吸收，也就是"碳汇"。植物的光合作用可以将空气中的二氧化碳固定下来，是"碳汇"最主要的方式。为鼓励植树造林和植被恢复，中国先后实施了"集体林权制度改革""退耕还林"等政策，本章的两节内容分别定量地评估了这两项政策对植树造林的影响。

4.1 集体林权制度改革促进林业发展①

植物能够进行光合作用，利用水和从大气中吸收的二氧化碳合成有机物。利用植物的这种光合作用，通过植树造林、植被恢复等措施，吸收大气中的二氧化碳，从而减少温室气体在大气中浓度的方式称为碳汇（Carbon Sink）。为了促进林业投资，保护植被，促进植树造林，同时为了减少农村贫困，刺激对森林的投资，中国政府允许将村集体所有的林地分配到林农个人，实行林业经营的"家庭联产承包责任制"。

这种森林分权管理是发展中国家为实现可持续森林管理的一种常见方法（Fisher et al.，2000；Krouster and Masera，2000；Little，1996）。使用权、所有权和经营权下放的方法包括印度的"联合森林

---

① 本小节内容主要基于笔者于 2016 年发表在 *China Economic Review* 上的学术论文：*The effect on forestation of the collective forest tenure reform in China*。

管理"（Joint Forest Management）或"社会林业"（Social Forestry）
（Baker，1998；Poffenberger，1990；Sarin，1995），乌干达的"合作林
业"（Collaborative Forestry）（Hijweege，2008；Turyahabwe and
Banana，2008），坦桑尼亚的"参与式森林管理"（Participatory Forest
Management）（Robinson and Lokina，2012），以及尼泊尔、菲律宾、赞
比亚和其他国家的"社区林业"（Community Forestry）（Acharya，
2002；Lynch and Talbott，1995；Meshack et al.，2006）。这些发展中国
家的经验做法是将林权从中央机构下放给地方机构。

　　中国于2000年左右开始林业分权化管理的改革尝试，在改革中直
接将林权承包给家庭。2003年国家出台了《中共中央 国务院关于加快
林业发展的决定》（中发〔2003〕9号），该文件是国家高度重视和关
心林业的重要标志，也是指导我国林业改革和发展的纲领性文件。与
20世纪80年代的林业改革不同的是，2000年左右开始的改革将集体
所有林地的使用权承包给林农家庭，并允许林农转让、继承和抵押林
权。根据《森林法》（1984年颁布，1998年修订），国家所有的林地
和林地上的森林、林木可以依法确定给林业经营者使用。林业经营者
依法取得的国有林地和林地上的森林、林木的使用权，经批准可以转
让、出租、作价出资等。家庭对林地的承租期长达70年。本小节将评
估我国集体林权改革对植树造林（以年造林和退耕还林面积衡量）和
木材采伐的影响。

4.1.1　集体林权制度改革

　　林权制度改革是我国推进解放和发展生产力过程中的重要组成部
分。20世纪50年代的大跃进期间，我国实行的集体经济制度，在大型
农场的收入分配中没有给予付出更多努力或拥有较高生产率的个人相应
的回报，导致社会的生产力和人民生活水平停滞不前（Perkins and
Yusuf，1984）。1959~1961年，我国发生了大饥荒，集体化停滞不前，

农业生产的规模缩减为村集体经济。此后，农林地所有权逐渐合并为国家所有权和村集体所有权。20 世纪 80 年代初，在全国范围内实施了农地制度改革和林权制度改革。1981 年，国家出台《中共中央、国务院关于保护森林发展林业若干问题的决定》（中发〔1981〕12 号），确定了"稳定山权林权、划定自留山、确定林业生产责任制"的"三定"林业发展方针，将森林种植和经营的责任和利益转移给林农。但与农业土地制度改革后农业生产的快速增长不同，"三定"林业发展方针没有取得十分理想的成果（Lin，1992；Wen，1993）。根据林业部门的数据，在我国北方，森林的平均覆盖率从 1977 年的不足 5% 上升到 1988 年的 11%；但是在我国南方，森林蓄积量从 1983 年的 19 亿立方米下降到 1987 年的 17 亿立方米，森林覆盖率下降了 10% 以上（Hyde et al.，2003；Yin and Newman，1997）。

到 1986 年，"三定"方针全面实施时，很大一部分集体林地流转为个体经营。但实际上，在许多地方的林地控制权是由村控制，例如在福建省，林农只获得了集体林地的"纸面股份"，并未获得实物上的林地。林业生产收入对农村收入的贡献微不足道；而且，由于林农缺乏积极性，森林保护也变得越来越困难（Xu et al.，2008）。

2003 年，《中共中央 国务院关于加快林业发展的决定》（中发〔2003〕9 号），开启了新一轮林权制度改革，其重点是进一步完善林业产权制度，允许将村集体所有的林地分配给村民，村民自行决策是否进行林权改革，如果接受，可获得明确的特定林地的使用权和经营权。正是长期租赁对特定地块的分配，使新一轮改革不同于 20 世纪 80年代的改革。

自中央的决议发布以来，有多个省份出台了旨在村集体林权改革的政策举措。在省级政府通过改革政策后，通过召开会议、研究和讨论后，逐步通过县政府、乡镇政府和村集体落实政策。在村一级，由村集体经济组织（通常是行政村）的村民委员会代表（通常是村民）投票决定是否进行改革。经村集体经济组织成员的村民会议三分之二以上成员或者三分之二以上村民代表同意并公示，可以通过招标、拍卖、公开协商等方式依法流转集体所有的林地经营权、林木所有权和使用权。

集体林权改革后，林农个人在《森林法》约束下自行负责森林管理，但不得将林地转化为非林地；需要采伐林木的，依法申请采伐许可证，按照采伐许可证的规定进行采伐，并在采伐后两年内重新造林。《森林法》还将森林分为几类：防护林、特种用途林、用材林、经济林和能源林。禁止或高度限制在防护林和特种用途林采伐。

集体林权改革后，林农家庭植树造林后可以直接收获出售木材的收益。因此，预计林权制度改革将会提高林业投资。但是，造林的数量和林业收入可能会受到信贷约束和劳动力约束的影响，也会受到诸如森林提供的环境服务的价值变化的影响。此外，改革后植树造林的变化还会受到村集体经济组织在改革前管理森林的方式以及林农对林权改革未来的预期的影响。本小节的主要内容即是通过计量经济学的方法识别并量化林权制度改革对林业投资、植树造林和林业产出的影响。

4.1.2 林权改革的基本情况

本小节中所使用的调查数据来自北京大学中国环境经济学项目（Environmental Economics Program in China, EEPC）。从 2006 年 3 月到 2007 年 8 月，EEPC 项目组成员对福建、江西、浙江、安徽、湖南、辽宁、山东和云南 8 个省的 49 个县进行了调查。这 8 个省是从当时 25 个拥有森林的省份中随机选择的，并按区域分层；在每个省随机选择 5 ~ 6 个县（也是按省内区域分层），其中福建较为特殊，选择了 12 个县；然后随机抽取每个县的 3 个乡镇和每个乡镇的 2 个村庄。

该调查对林业机构和村领导进行访谈，了解有关村集体林权制度改革进程、当地林业活动（如造林和林木采伐）、土地管理、社会、经济和人口特征等信息。访谈涵盖 2000 ~ 2006 年中的三年。访谈中采集到的关于林权制度改革进程的详细信息包括村庄开始实行林权制度改革的年份和上级政府对改革提出的要求。如果该村庄没有进行改革，则会提供相应的理由，例如不了解改革政策或经村集体决策后决定不进行改革。当地林业机构提供了有关当地森林情况的详细信息，时间范围为 1985～2006 年，包括辖区内各种树种的木材价格、村一级的林木库存量及用材林、经济林、生态公益林的覆盖率。1985～2000 年的数据是每五年一次的汇总数据，2000～2006 的数据为连续的年度数据。

　　表 4.1 列出了 2000 年、2003 年和 2005/2006 年度收到林权制度改革政策的样本村情况和实行了林权制度改革的样本村情况。2000 年时，只有 15% 左右的样本村收到了来自上级政府的林权制度改革政策，2003 年上升到 42% 左右，到 2005/2006 年，除浙江和安徽外，几乎所有样本村都已收到林权制度改革的政策。在 2005/2006 年已接收到林权制度改革政策的样本中，除浙江和山东外，其他省份的大部分的样本村庄都实际进行了改革。改革实行的情况差异主要取决于政策传导的过程，以及收到政策后村级组织的决策结果。不同村庄的林业所有制基础不同，且不同村庄的需求也不尽相同，因此最终的改革决定也会有所不同。例如，浙江在 20 世纪 80 年代的林业改革已经将大部分集体林地分配给了个人，这就解释了为什么浙江的样本村的新一轮林权制度改革的实行率不高。

表 4.1　样本村林权制度改革政策接收情况和实行情况

地区	接收政策村庄数/样本村庄数			接收改革政策的村庄数/进行改革的村庄数		
	2000 年	2003 年	2005/2006 年	2000 年	2003 年	2005/2006 年
全部	42/288	120/288	222/288	16/42	52/120	183/222
安徽	0/30	0/30	6/30	0/0	0/0	6/6
福建	12/72	72/72	72/72	6/12	34/72	70/72
湖南	6/30	18/30	24/30	3/6	7/18	16/24
江西	0/30	0/30	30/30	0/0	0/0	30/30
辽宁	6/30	6/30	30/30	3/6	3/6	28/30
山东	18/30	24/30	24/30	4/18	8/24	8/24
云南	0/30	0/30	30/30	0/0	0/0	24/30
浙江	0/36	0/36	6/36	0/0	0/0	1/6

资料来源：Xie et al., 2016

图4.1描述的是样本村森林覆盖率的对数值的分布，2000～2006年，样本村森林覆盖率的对数值的分布随着时间推移逐渐向右移动。统计检验也表明，2000年、2003年和2005/2006年度的森林分布存在显著的差异。表4.2比较了实行改革的样本村和接收到了改革政策但未实行改革的样本村每年植树造林的百分比。结果表明，2000年和2003年实行了改革的样本村的植树造林比例较高，而2005/2006年度较低。改革村的平均造林比例随着时间的推移呈下降趋势，而未改革村的平均植树率呈上升趋势。这样的数据特征可以用村庄的自我选择来解释。随着时间的推移，没有实行改革的村庄越来越少，而留下来的这些村庄之所以不进行集体林权改革，是因为这些村庄的集体森林管理水平较高，集体管理能够获得比个体承包经营更好的产出。因此，在后文的估计中，我们也对这种能力进行了控制，并使用工具变量技术来评估改革的效果。

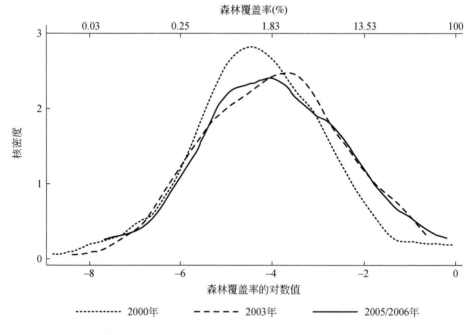

图4.1 样本村森林覆盖率的对数值的分布

资料来源：Xie et al., 2016

表 4.2　实行改革的样本村和接收到改革政策但未实行改革的样本村每年植树造林情况对比

	年份	平均值	标准差	最小值	最大值	样本数（N）
改革村	2000 年	7.2956	23.2375	0	93.9063	16
	2003 年	3.8476	8.8393	0	46.1788	52
	2005/2006 年	3.5708	8.7808	0	77.0247	173
	小计	3.8778	10.3178	0	93.9063	241
未改革村	2000 年	2.1212	8.3388	0	100	270
	2003 年	3.1698	7.2227	0	54.2532	234
	2005/2006 年	5.8723	15.0622	0	83.8710	100
	小计	3.1485	9.4936	0	100	604

资料来源：Xie et al., 2016

图 4.2 描绘了每个省在每一年调查中的样本村的平均造林百分比。平均造林率是用样本村年度的植树造林和再造林面积除以总林地面积计算得到。除安徽和辽宁外，其他省份 2005/2006 年度的造林百分比均高于 2000 年。然而，与 2003 年相比，2005/2006 年度江西、浙江、

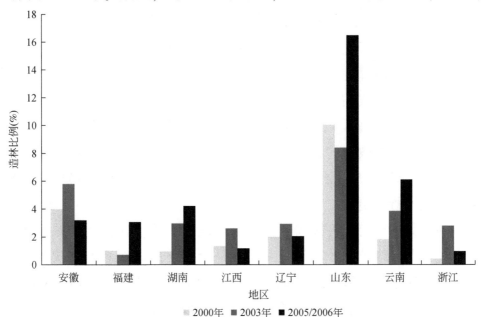

图 4.2　各省份样本村的平均年度造林百分比对比情况

资料来源：Xie et al., 2016

安徽和辽宁的造林百分比有所下降。其中，只有辽宁在2005年前实行了改革。这些数据特征表明，林权制度改革并不是推动植树造林的唯一因素，还有其他因素推动了造林率，这些因素的影响在不同省份和年份有所不同。由于气候条件不同，各省的主要森林物种和气候方面存在差异。当一个树种的价格比其他树种的价格上涨得更快时，适合种植该树种地区的森林扩张速度可能就会比其他地区更快。所以在后文的评估中纳入了省一级的固定效应、村庄固定效应和年份虚拟变量，以捕捉这些因素对造林的影响。

4.1.3 林权制度改革对植树造林和林业采伐的影响

本小节使用计量经济学模型研究林权改革和植树造林之间的关系，评估林权制度改革对植树造林的因果影响。利用样本数据，将村庄新增林地面积的百分比回归到代表改革的虚拟变量、村庄固定效应、时间固定效应和分省逐年的固定效应。

由于村庄是否进行改革是村级集体组织自行决策的，所以回归估计式中的关键解释变量"改革"是内生变量，可能与回归估计式中的误差项相关，造成估计结果偏误。为了获得更加一致的估计结果，我们使用工具变量（IV）方法。本小节所使用的工具变量是样本村是否接收到来自上级政府的林权制度改革政策。样本村是否采取改革与是否接收到上级政府的政策有很强的相关性，只有接收到政策的样本村才有可能实行改革。

村庄无法决定能否接收到林权制度改革政策。在我国的政治体系中，林权制度改革的政策经过一系列从上到下的各级政府的决策才最终达到村庄：省级政府、县政府、乡镇政府，最后是农村自治组织。一个省份实施林权制度改革的速度取决于该省经济社会发展中对林业部门有无特殊需要。省情和改革起点情况的差异取决于该省上一次林权制度改革的完备性。我们在主回归中使用更精细的固定效应（村固定效应）。政府的效率及他们如何解读这项政策的重要性也影响着有关改革政策的传递速度。虽然政府可能会根据个别村庄的需要提供信息，但更多情况下，政府关注的是整个辖区范围内改革能够获得的收益。村庄能否接收到林权制度改革是由县一级的政府做出的决策，而县政府在决策过程中并不会单独考虑其辖区范围内的某个村庄的特殊因素，所以能否接收到改革政策与村一级的影响是否接受改革的因素不相关。

工具变量法的评估分为以下三步：①使用有序 Logit 模型将村庄实行改革的时间回归到村庄接收到改革政策的时间上；②计算村庄在每一年实行改革的概率估计值；③使用第二步得到的概率进行工具变量回归，评估改革对村庄的影响。

评估结果显示，改革当年造林百分比会增加 7.68 个百分点。具体来讲，改革前，一个典型村的年均造林百分比约为 3.15%，即一个典型村新增林地面积为改革前该村林地面积的 3.15%，改革后典型村每年新增的林地面积占该村林地面积的百分比上升到 10.83%（相当于 3.15%+7.68%）。在随后的几年中，效果为 7.68%−6.07%=1.61%（在统计上不显著）。也就是说，发生在第 t 年的林权改革平均会导致第 t 年的森林面积增加 7.68%，而 $t+1$ 年及以后的林地面积仅增加 1.61%。因此，改革对植树造林的主要影响是当期的。

我们还评估了林权改革对林业产品采伐行为的影响。林权制度改革为林农提供了增加即时林业收入的机会，但是采伐行为受到伐木许可的限制。在工具变量回归分析中，我们没有发现改革对单位面积的采伐量有显著的影响。在对林业采伐的研究中，我们得到了一个有趣的发现，简单 OLS 回归中代表林权制度改革的变量的系数估计值是负的，而且在 5% 的显著水平上是显著的。这意味着实行改革的村庄当年的采伐量变少了。这一结果可以用村庄的自我选择来解释。最想实行改革的那些村庄可能是那些在集体经营管理制度效果较差的村庄，由于管理不佳，这些村庄在实行改革的最初时期并没有成熟的林木可供采伐，所以显示出实行改革的村庄的当期采伐量较低的数据特征。

4.1.4 小结

本小节分析了 2003 年国务院的集体林权制度改革对农村植树造林和采伐行为的影响，利用改革政策实施过程中的决策特征来识别和考察林权制度改革对村一级的林业行为的因果效应。评估结果表明，林权制度改革有效地促进了农村地区在改革当年的植树造林，改革政策的效果在改革实行后的几年仍然在发挥作用，但效果的规模要小很多。林权制度改革中将林地承包给家庭后并没有导致家庭更多地采伐林木。为什么大部分改革效果发生在实行改革当年？一个可能的解释是，植树造林受到当地可供植树的裸地数量和植被生长周期较长的限制，这是林业的固有特征（Bowes and Krutilla, 1989）。当以前留下的裸地被迅速种植上树木后，直到林木成材后被采伐，这些土地也都不能再重复种植，所以大部分的植树活动发生在改革后当年，而在随后的几年中，可供继续种植的土地十分有限。因此，我们看到改革当年的植树造林增幅很大，随后几年的增幅很小。如果改革后的村庄继续以目前的速度改变造林和采伐，我们预计森林覆盖率和蓄积量将会增加。也就是说，林权改革制度获得了较好的成果，正在向着中央政府有关生态环境和林业发展的社会目标而不断地向前发展。

4.2 退耕还林 保护生态环境①

盲目地毁林开垦，将陡坡地和沙化地开垦为农田进行农作物耕种会造成严重的水土流失和风沙危害，导致洪涝、干旱、沙尘暴等自然灾害频繁发生，给国家的生态安全造成严重威胁，影响人民群众的生产和生活。为了加强生态环境建设和保护，也为了帮助贫困山区农民

---

① 本小节内容主要基于笔者于 2018 年发表在 *Sustainability* 上的学术论文：*Conservation payments, off-farm labor, and ethnic minorities：Participation and impact of the grain for green program in China*。

脱贫致富，我国从 1999 年起开展退耕还林工程，将易造成水土流失的耕地，沙化、盐碱化、石漠化严重的耕地，粮食产量低且不稳定的耕地，有计划、有步骤地停止耕种，按照适地适树的原则，因地制宜地植树造林，恢复森林植被。退耕还林工程首先在四川、陕西、甘肃 3 省进行试点，后迅速扩大到 25 个省（自治区、直辖市），覆盖了 3200 万户家庭。2002 年 1 月 10 日，国务院西部地区开发领导小组办公室确定全面启动退耕还林工程。

大部分实行退耕还林工程地区的经济社会发展水平相对落后，促进地区经济社会发展，提高当地居民生活水平是这些地区的一项重要任务。退耕还林工程将耕地恢复为森林植被，直接减少了当地居民可用于种植粮食等基本农作物的耕地面积，降低了农民农业生产的收入；另一方面，退耕还林所获得的生态收益往往不局限于实行了退耕还林的地区，通常会扩散到政策区域范围之外，是一种公共物品。因此，退耕还林工程的实施需要合理的补偿和转移支付政策，才能更好地调动和保护政策实施地农民退耕还林的积极性，实现生态效益与农民增产、增收及地方经济社会发展相兼顾的目标。

世界上大部分国家都在采取可持续的土地管理措施来保护土地，减缓因人类活动造成的生态系统退化和生物多样性的丧失。"发展干预"是一种通过发展性的活动来帮助实现土地可持续性的政策，例如通过向农民支付一定的补贴引导其从损害生态系统的活动中转移出来。我国的退耕还林工程就是一项全国性的退耕还林工程，是一种典型的"发展干预"做法。

在退耕还林工程中，农民将水土流失严重的耕地，沙化、盐碱化、石漠化严重的耕地，粮食产量低且不稳定的耕地进行退耕还林，根据土壤和气候条件改种适宜的树种或草地。中央政府每年向参与退耕还林的农户提供补偿，包括发放粮食、现金转移支付和免费提供苗木等。退耕还林工程的目标是防止水土流失等环境问题，同时减少农村地区贫困。为了实现这一目标，退耕还林计划的参与性和可持续性及退耕还林工程对家庭生产行为长期影响对政策制定者来说十分重要。

参与退耕还林会导致家庭的耕地面积减少，从而导致劳动力从农业耕种或放牧转向非农业活动。参加退耕还林工程会显著促进非农就业和相关收入，而且退耕还林工程对非农劳动力供应的影响在不同特征的家庭之间存在差异。本小节将定量评估退耕还林工程的参与度及其对非农劳动力供给的影响。研究结果有助于理解土地管理的重大变化对水土流失和土地退化地区的影响，可以提高对退耕还林工程评估的有效性，并有助于欠发达地区制定可持续的土地管理战略。此外，退耕还林地区普遍存在的贫困问题也是各级政府长期关注的问题，退耕还林工程在推动地区经济发展、缩小居民收入差距方面的作用也十分重要。

本小节的研究思路是通过比较居住在相邻地区的居民，调查不同地区居民的退耕还林工程参与度是否存在显著差异，以及退耕还林工程对居民的非农劳动力供应是否存在显著的差别。

4.2.1 退耕还林政策简介

退耕还林工程从 1999 年开始在四川、山西和甘肃试点，到 2001 年年底迅速扩大到 20 个省（自治区、直辖市），覆盖面积超过 200 万公顷。2003 年正式启动时，该项目覆盖了 25 个省（自治区、直辖市）的 2000 多个县的 3200 万户家庭。截至 2013 年年底，退耕还林工程实现的植树造林总面积达到 2980 万公顷。参与了退耕还林工程的数千万农民在坡耕地和沙化耕地上实行退耕还林或退耕还草，参与退耕还林的农民获得中央政府提供的粮食补助和现金补贴等作为补偿。在黄河流域，每年退耕还林/还草的粮食补贴为 100 千克/亩；在长江流域每年退耕还林/还草的粮食补贴为 150 千克/亩。参与退耕还林工程的家庭每年还可获得每亩 50 元的现金补贴，作为家庭承担管理和保护种植的树木职责的回报。截至 2013 年，中央财政累计发放补助资金 3542 亿元，惠及 3200 万户居民。中国退耕还林工程是世界上最大的生态保护项目之一。

根据国家林业局于 2003 年发布的《退耕还林工程规划》（2001—2010 年），退耕还林工程按照一定的标准选择符合条件的土地推行退耕还林。选择标准包括土地的坡度、农作物产量、距居民点/道路的距离、土壤质量和土地的生态影响。通常情况下会选择坡度大、农作物产量低、距离居民点和道路相对较远的耕地纳入退耕还林范围。基于这些标准，各级林业部门确认土地登记，并为地方政府设定退耕还林的配额任务。当一个地区需要完成一定的退耕还林配额任务时，原则上允许家庭自行决定是否对所拥有的耕地全部进行退耕还林或者部分退耕还林。但在实践中，会有一些家庭被"强烈鼓励"参与退耕还林工程。根据 Xu 等（2006）的调查发现，样本中有一半参与了退耕还林工程的家庭认为他们没有自主权决定是否参与，只有30%的家庭报告他们有自主权选择是否进行退耕还林。因此，从实际操作层面来看，退耕还林工程的参与实际上是准自愿的。

4.2.2　样本地区退耕还林的基本情况

本小节研究中使用的数据来自北京大学中国环境经济项目（EEPC）收集的调查数据。EEPC 项目调查了甘肃省甘南藏族自治州12 个村庄的 120 户家庭（图4.3 和表4.3），收集了 1997 年和 2012 年的退耕还林相关数据和信息。在每个村庄中，随机抽取 10 户村民进行访谈。在 120 个接受调查的家庭中，有一个家庭存在严重的数据缺失问题，因此我们将其从数据分析中剔除，因此最终数据分析的样本共包含 119 户样本家庭。访谈中收集的信息包括：①个人特征，包括年龄、性别、民族、教育程度、是否从事非农劳动、非农劳动类型等；②家庭特征，包括家庭成员数量、子女数量等；③土地信息，包括土地总面积、退耕还林面积、土地质量、土地距离住宅或道路的距离等。由于样本地区是少数民族聚集区，居民的两个主要民族成分分别是藏族和汉族。样本家庭中共有汉族家庭 67 户，少数民族家庭 52 户

(51 户藏族家庭和 1 户土家族家庭)。在本小节中，我们将土家族家庭纳入分析范围，以代表该地区的民族分布。

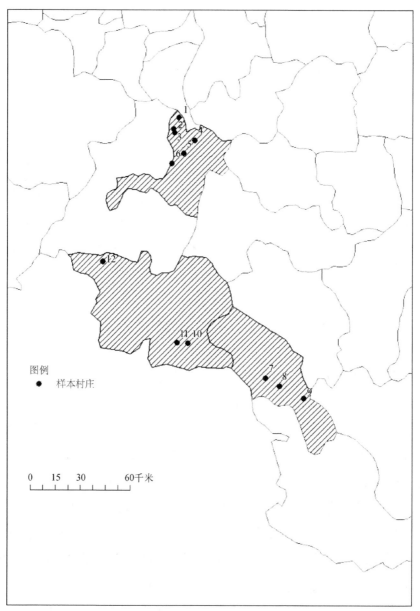

图 4.3　样本村的空间分布

注：图中数字编号为样本村庄编号，具体名称见表 4.3

资料来源：Xie et al., 2018

表 4.3　样本家庭的民族分布和退耕还林计划参与情况

地区	编号	村名	少数民族家庭（户）	汉族家庭（户）	未参与家庭（户）	参与家庭（户）
临潭县	1	Zhulin	1	9	6	4
	2	Houshan	0	10	8	2
	3	Hongjia	1	9	10	0
	4	Qiuyu	0	10	10	0
	5	Xinzhuang	0	10	10	0
	6	Dacaotan	0	9	9	0
卓尼县	7	Bazi	0	10	2	8
	8	Jiaorao	10	0	1	9
	9	Kankan	10	0	1	9
迭部县	10	Kelang	10	0	3	7
	11	Nagao	10	0	7	3
	12	Donggui	10	0	3	7
合计	—	—	52	67	70	49

资料来源：Xie et al.，2018

　　样本中约 40% 的家庭参与了退耕还林工程。平均每户约有 0.21 公顷土地参加退耕还林工程，平均约占样本家庭拥有土地面积的 6%。通过评估参与者的民族成分和居住特征，我们发现样本中的大多数汉族人口生活在秦岭以北，其中很大一部分人没有参加退耕还林工程。相比之下，少数民族人口多居住在秦岭以南，其中很大一部分家庭参加了退耕还林工程。

　　为了调查家庭特征（特别是民族背景）和土地拥有情况如何影响退耕还林工程的参与度，我们简单比较了参加退耕还林工程的家庭和未参加家庭在参与退耕还林工程之前的家庭和土地特征。表 4.4 列出了相关变量的汇总统计数据。如 Panel A 所示，在 1997 年（退耕还林工程实施前），参加退耕还林工程的家庭和未参加退耕还林工程的家庭在土地特征（土地面积、土地质量、从土地到住宅/道路的距离）方面相似，但在其他家庭特征方面有所不同。例如，参加退耕还林工程家庭的户主中有 74% 来自少数民族，而未参加的户主中只有 23% 来自少数民族。此外，参与退耕还林工程的家庭中男性户主的比例较低，并且这些家庭相较而言有更多的孩子和更大家庭规模。所有这些可能影响家庭参与意愿的因素都是高度相关的。在后文中，我们会使用正式的计量经济学模型来厘清这些因素的影响。

表 4.4 样本数据的描述性统计

		项目	未参与（样本数=70）		参与（样本数=49）		差值
			Mean	S. D.	Mean	S. D.	
Panel A.	退耕还林前（1997 年）	少数民族（少数民族=1）	0.229	0.423	0.735	0.446	0.506 ***
		户主受教育程度（年）	4.414	2.878	5.071	3.758	0.657
		户主年龄（岁）	29.6	10.329	31.959	10.553	2.359
		户主性别（男性=1）	0.986	0.120	0.900	0.306	-0.086 **
		政治面貌（党员=1）	0.1	0.302	0.122	0.331	0.022
		孩子数量	1.371	1.092	2.041	1.154	0.67 ***
		家庭成员数	4.771	1.374	5.367	1.510	0.596 **
		土地面积（公顷）	2.902	6.184	3.509	4.408	0.607
		土地质量	3.899	1.304	3.788	1.097	-0.111
		到住宅的距离（千米）	1.243	0.884	2.070	4.198	0.827
		到道路的距离（千米）	0.985	1.548	0.912	1.019	-0.073
	退耕还林后（2012 年）	少数民族（少数民族=1）	0.229	0.423	0.735	0.446	0.506 ***
		户主受教育程度（年）	4.543	2.879	5.327	3.794	0.784
		户主年龄（岁）	44.071	9.338	46.020	10.527	1.949
		户主性别（男性=1）	0.986	0.120	0.900	0.306	-0.086 **
		政治面貌（党员=1）	0.143	0.352	0.327	0.474	0.184 **
		孩子数量	1.143	1.081	1.347	1.332	0.204
		家庭成员数	5.329	1.359	5.755	1.877	0.426
		土地面积（公顷）	5.138	12.661	6.282	9.223	1.144
		土地质量	3.899	1.304	3.788	1.097	-0.111
		到住宅的距离（千米）	1.243	0.884	2.070	4.198	0.827
		到道路的距离（千米）	0.985	1.548	0.912	1.019	-0.073
		补贴总额（元）	0	0	596.3	563.3	596.3 ***
		参与的土地面积（公顷）	0	0	0.205	0.179	0.205 ***

续表

项目		未参与 （样本数=70）		参与 （样本数=49）		差值
		Mean	S. D.	Mean	S. D.	
Panel B.	非农就业	Non-Enrolled		Enrolled		Difference
		Mean	S. D.	Mean	S. D.	
	退耕还林前（1997 年）	0.429	0.672	0.245	0.434	-0.184
	退耕还林后（2012 年）	1.343	1.075	1.286	0.957	-0.057
Panel C.	低技能非农就业	Non-Enrolled		Enrolled		Difference
		Mean	S. D.	Mean	S. D	
	退耕还林前（1997 年）	0.386	0.644	0.163	0.373	-0.223 *
	退耕还林后（2012 年）	1.300	1.095	1.122	0.971	-0.178
Panel D.	高教育水平的非农就业	Non-Enrolled		Enrolled		Difference
		Mean	S. D.	Mean	S. D	
	退耕还林前（1997 年）	0.043	0.266	0.082	0.277	0.039
	退耕还林后（2012 年）	0.043	0.266	0.163	0.426	0.120 **

资料来源：Xie et al., 2018

为了调查退耕还林计划对非农劳动力供给的影响，我们比较了退耕还林计划实施前后登记家庭和未登记家庭的非农劳动力就业情况。如表4.4 的 Panel B 所示，两组家庭的非农劳动力就业都有所增加，但参与了退耕还林工程家庭的增加幅度（从每户 0.245 人增加到 1.286 人）比未参与的家庭的增加幅度更大（从每户 0.429 人增加到 1.343 人）。这表明，参与退耕还林工程会刺激家庭从事更多的非农工作。为了提高参与组和对照组的可比性，我们在正式的计量回归模型中采用双重差分法（Differences-in-Differences，DID），识别退耕还林工程对家庭非农劳动力供给的因果效应。

除了对总的非农劳动力供给的影响外，我们还研究了退耕还林工程对不同类型的非农劳动力供给的影响。在我国，大部分非农劳动力对技能的要求较低，例如建筑工人、餐馆女服务员等。只有少部分非农劳动力从事了要求较高教育水平的工作，如教师、公务员等。如表4.4 的 Panel C 和 Panel D 所示，在家庭提供的非农劳动力中，低技能工作的比例较高。例如，在参加了退耕还林工程后，未接受过教育的家庭中的平均非农就业人数为 1.343 人，其中有 1.3 人从事低技能的非农劳动，占全部非农就业人数的 95% 以上。考虑到非农业劳动力的构成，所以退耕还林工程可能导致更多的农业劳动力流向低技能的非农劳动岗位。

4.2.3　影响退耕还林的因素

我们使用计量经济学模型来研究影响退耕还林的因素。我们区分了广延边际和集约边际，其中广延边际是指家庭是否参加退耕还林工程，而集约边际是指参与退耕还林工程的土地面积。因影响退耕还林工程的因素很多，包括年龄、性别、教育水平、家庭规模、土地面积等。本小节把研究重点放在评估少数民族家庭是否影响参与率，我们用 Probit 模型评估家庭参与退耕还林工程的概率。在其他条件相同的情况下，少数民族家庭参与退耕还林工程的可能性比汉族家庭高 69%。我们还采用了 Tobit 模型评估了家庭愿意参与退耕还林工程的土地面积，结果发现少数民族家庭参与退耕还林工程的土地面积平均比汉族家庭多 0.2776 公顷。

我们还使用双重差分法（DID）考察了退耕还林工程对非农劳动力供给的影响。结果表明，退耕还林对汉族家庭和少数民族家庭的影响存在显著差异。退耕还林工程促进了汉族家庭的非农劳动力供给，而对少数民族家庭的非农劳动力供给没有显著的影响。

为了考察退耕还林后家庭增加的非农劳动力的类型，我们分别对低技能非农劳动和需要更高学历的非农劳动进行了相同的回归分析。回归结果表明，退耕还林工程主要刺激了低技能劳动力的供给，而对教育水平要求较高的劳动供给的刺激作用较小。也就是说，参与退耕还林工程后，从农业耕作中解放出来的劳动力更有可能提供低技能的非农劳动，而不是需要较高教育水平的工作。

4.2.4　小结

在许多欠发达地区，自然生态系统的恢复和保护是一个关键且具有挑战性的问题。这些地区位于生态脆弱地区，极易受到水土流失和土地退化的影响。由于缺乏其他谋生手段，农户长期采取不可持续的耕作方式进一步加剧了当地的生态问题，自然环境与经济社会发展陷入恶性循环。退耕还林工程的目标就是打破自然生态系统保护和当地经济社会发展之间的恶性循环，促进自然环境与经济社会和谐发展。研究结果表明，少数民族劳动力在退耕还林工程中的参与率相对较高，但参与退耕还林工程后节约的劳动力并没有转向非农就业。如果少数民族家庭无法从非农劳动力就业中提高家庭收入，他们有可能会退出长期的退耕还林工程，并更密集地种植他们没有参与退耕还林工程的农田。这两种情况都可能导致持续的生态退化。

为了实现欠发达地区土地利用的可持续性，将非农就业规划纳入生态环境保护政策的制定中，实现综合土地管理就十分重要。例如，改善教育基础设施，为当地居民提供职业培训，将能够缓解他们在非农就业机会方面面临的限制，帮助农村家庭在参与了退耕还林工程后能够更顺利地加入非农劳动力市场。此外，欠发达地区发展生态旅游或民族特色旅游等服务业，可以创造非农就业岗位，吸纳农业劳动力。一旦非农收入成为当地居民的主要收入，自然生态系统的压力就会随之降低。

第 5 章　减排的环境协同效应

减排行动大多数是源头治理，不仅能够减少二氧化碳的排放，同时也能够降低其他污染物的排放。本章关注减排行动的环境协同效应，第一节在第 3.1 节"提高化石能源效率"的基础上，进一步估计了火电治理政策的环境收益，第二节在第 3.3 节"改变能源消费结构"中关于清洁取暖政策减排收益的测算基础上，进一步估计清洁取暖带来的环境收益，第三节在 3.4 节"减少能源消费量"中关于发展公共交通的减排收益测算的基础上，进一步测算公共交通的环境收益。

5.1　火电的环境成本

由于我国"富煤"的自然资源禀赋，火力发电是我国电力生产最主要的来源（图 5.1），占电力生产总量的比例达 80% 以上。电力是国民经济重要的投入品，也是居民现代生活的必需品。火力发电与电力工业支撑了国民经济和社会的高速发展，但与此同时，火电所带来的环境问题也日益突出。煤炭燃烧会产生大量二氧化碳，还会产生二氧化硫、氮氧化物和烟（粉）尘。随着收入水平和生活质量的提高，人民群众对美好生活和洁净环境的需求越来越迫切，火力发电带来的环境污染严重影响了人们的生产生活，严重危害人们的身体健康。我国政府从"九五"计划开始，采取了一系列的控制政策和措施控制与治理火力发电的污染物排放。本小节使用多种方法估算了我国火力发电带来的环境成本和火电污染物治理的环境收益。

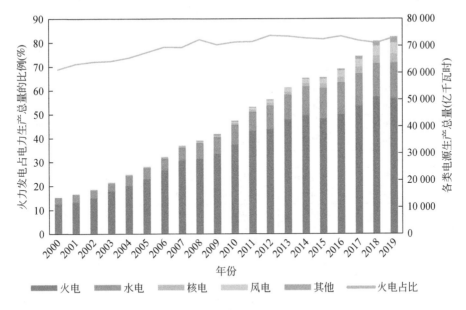

图 5.1　中国的电源结构

资料来源：中国电力企业联合会编制的历年《中国电力统计年鉴》

5.1.1　火力发电的污染物排放

燃煤发电排放的污染物主要包括二氧化硫、氮氧化物和烟（粉）尘等大气污染物，如果不予治理或治理不充分排入空气中，会导致酸雨、雾霾、光化学烟雾等环境问题，进而导致建筑物受到腐蚀，土壤酸化，严重的污染还会危害人体健康。表 5.1 和图 5.2 展示了 2000 ~ 2015 年，我国火电行业三种主要污染物的排放情况。

火电行业的二氧化硫、氮氧化物和烟（粉）尘排放是工业污染物排放的重要来源。其中，火电行业二氧化硫的排放占工业二氧化硫排放的比例长期维持在 50% 左右；氮氧化物的排放占比则维持在 65% 左右；2011 年之前，火电行业烟（粉）尘排放占工业烟（粉）尘排放的比例基本在 40% 左右，2011 年后虽有所下降，但依然徘徊在 20% 左右。

表 5.1　中国 2000～2015 年火力电厂大气污染物排放情况

年份	二氧化硫		氮氧化物		烟（粉）尘	
	火电排放（万吨）	占工业排放比例（%）	火电排放（万吨）	占工业排放比例（%）	火电排放（万吨）	占工业排放比例（%）
2000	707.2	50.60	—	—	—	—
2001	654	42.00	—	—	—	—
2002	666	42.60	—	—	365.1	45.40
2003	826	46.10	—	—	392.5	46.40
2004	929	49.10	—	—	392	44.20
2005	1111	51.30	—	—	449.8	47.40
2006	1155	51.70	721.4	63.50	386.4	44.70
2007	1099	51.40	811	64.30	329.3	42.70
2008	1006	50.50	810.3	64.80	279	41.60
2009	877	47.00	828.7	64.50	246.6	40.80
2010	835	44.80	954.1	65.10	218.4	36.20
2011	819	40.60	1153.7	66.70	231.2	21.00
2012	706.3	39.80	981.6	62.10	144.2	15.10
2013	634.1	37.50	861.8	58.80	183.9	18.00
2014	683.4	65.40	783.1	70.80	235.5	24.40
2015	528.1	59.80	551.9	63.50	165.2	20.00

资料来源：历年《中国电力统计年鉴》《中国环境统计年报》

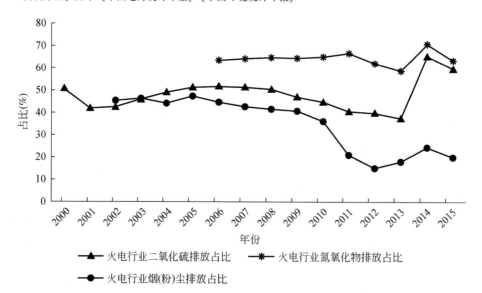

图 5.2　2000～2015 年火电行业大气污染物排放占工业排放的比例

资料来源：历年《中国环境统计年报》

火电行业污染排放居高不下的原因主要包括以下三点：第一，煤炭品质问题。火电行业主要以煤炭为燃料，但我国的煤炭品质不佳，含杂质较多，燃烧时会产生大量的二氧化硫和氮氧化物等污染物。第二，火电企业生产效率问题。火电行业存在许多低效率、高污染、高煤耗的小规模发电机组和自备电厂，导致火力发电的能源效率低，煤炭燃烧带来的污染物排放较多。第三，环境保护政策执行不力。火力发电的脱硫脱硝成本较高，许多安装了脱硫脱硝设备的火力发电厂为降低成本违规关闭相应设备，只在应对相关检查的时候才开启设备。

由于我国自然资源禀赋的限制，短期内无法大规模地改变电力生产结构和能源使用结构，所以火力发电的污染问题很难在短时间内通过结构性的转变来解决。因此，为使电力供给既能满足经济增长的需求，又能满足可持续发展要求和二氧化碳减排及环境治理的约束，火电行业需要向节能减排方向发展。对此，在不断加大电力行业投入的同时，需要政府积极引导火电行业向节能减排方向发展。例如，实施"两控区"政策；鼓励使用高品质、低杂质的煤炭；关闭小机组，建设大机组；研发和推广脱硫脱硝技术等，使我国火电行业发展越来越成熟，技术水平不断提高，不断适应市场经济持续增长带来的电力需求和经济可持续发展带来的环境要求。

5.1.2 火电行业环境治理政策简介

自"九五"时期以来，我国出台了一系列针对火力发电的二氧化硫、氮氧化物、烟（粉）尘等污染物减排的法律法规，采取的措施主要是工程减排的方式进行污染物减排，并在"十五"和"十一五"期间两次修订《火电厂大气污染物排放标准》，严格控制污染物排放。

5.1.2.1 二氧化硫排放政策及标准

1987 年我国颁布了《中华人民共和国大气污染防治法》，并于 2018 年进行了第二次修订；1989 年颁布了《中华人民共和国环境保护法》，并于 2014 年进行了修订；1995 年颁布了《中华人民共和国电力法》，并于 2018 年进行了修订。在火电行业的标准方面，1996 年我国制定了《火电厂大气污染物排放标准》（GB 13223—1996）用以代替 1992 年开始实施的《燃煤电厂大气污染物排放标准》（GB 13223—91）。《火电厂大气污染物排放标准》中分年限规定火电厂最高允许二氧化硫排放量、烟（粉）尘排放浓度和烟气黑度，并规定第Ⅲ时段火电厂二氧化硫与氮氧化物的最高允许排放浓度。

"十五"期间，我国政府虽然采取了"两控区"计划等措施，但由于经济发展和能源消费增长过快，导致火电行业发展迅速，最终未能实现二氧化硫总量减排的目标。

"十一五"期间，我国政府通过实施脱硫电价、建设电厂脱硫设施和关停小火电等手段，成功控制了二氧化硫的排放。

"十二五"期间，我国政府沿用了"十一五"的相关政策并且采取结构减排的方式，同时国务院于 2014 年印发了《国务院办公厅关于进一步推进排污权有偿使用和交易试点工作的指导意见》（国办发〔2014〕38 号）进行排污权交易试点工作，这些措施有效控制了火电行业的燃煤总量，提前一年实现二氧化硫的总量减排 10% 的"十二五"规划目标。

"十三五"期间，我国政府建立环境质量改善和污染物总量控制的双重体系，实施大气、水、土壤污染防治行动计划和措施。"十三五"规划还提出了要通过严格控制煤电建设规划，建立风险预警机制；建设热电联产和低热值煤发电项目；加快新技术研发和推广应用，提高煤电发电效率及节能环保水平；加大能耗高、污染重的煤电机组的改造和淘汰力度等。通过这些措施力争实现火电机组二氧化硫和氮氧化物年排放总量均下降50%以上；30万千瓦级以上具备条件的燃煤机组全部实现超低排放的目标。

5.1.2.2 氮氧化物排放政策及标准

"十一五"期间，我国火电行业氮氧化物排放量连续增加（图5.3），全国降水中硝酸根离子平均浓度较2006年大幅度增长，由氮氧化物等污染物引起的臭氧和细粒子污染问题日益突出。"十二五"时期，随着一系列政策及不断严格的排放标准的出台，我国火电行业氮氧化物排放量不断减少。"十三五"时期，政府提出氮氧化物总量排放减少15%的目标，并提出要深入实施《大气污染防治行动计划》，大幅削减氮氧化物的排放量。

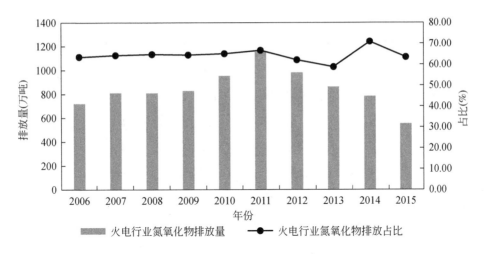

图5.3 2006～2015年火电行业氮氧化物排放情况
资料来源：历年《中国环境统计年报》

目前我国针对氮氧化物排放控制相关法律法规及有关的排放标准主要有："九五"期间出台的《中华人民共和国大气污染防治法》和《火电厂大气污染物排放标准》；"十五"期间修订的《中华人民共和国大气污染防治法》规定的企业应当对燃料燃烧过程中产生的氮氧化物采取控制措施，《排污费征收标准管理办法》规定的氮氧化物排污费征收标准；"十一五"期间，国务院颁布的《国家环境保护"十一五"规划》明确规定将氮氧化物纳入污染源监测和统计范围，同期政府颁发了《火电厂氮氧化物防治技术政策》和《国务院关于印发"十二五"节能减排综合性工作方案的通知》，明确了各地区的排放总量控制计划；"十二五"期间，我国开始将氮氧化物列入污染物总量控制的目标，2011年修订的《火电厂大气污染物排放标准》（GB 13223—2011）明确规定了以煤、油、气为燃料的锅炉或燃气轮机组的氮氧化物排放浓度，2012年国家发展和改革委员会发布的《关于扩大脱硝电价政策试点范围有关问题的通知》对全国火电厂全面实行脱硝电价补贴，利用价格手段对氮氧化物排放进行了控制。

5.1.2.3 烟（粉）尘排放政策及标准

烟尘和粉尘都是空气中的颗粒物，一般直径小于 0.1 微米的颗粒物被定义为烟尘，直径大于 0.1 微米的被定义为粉尘。随着雾霾等环境问题的日益凸出，我国不断提高对 $PM_{2.5}$、PM_{10} 等可吸入颗粒物排放问题的治理力度。"九五"期间我国出台的一系列法律法规和行业标准，如《中华人民共和国环境保护法》《中华人民共和国大气污染防治法》《中华人民共和国电力法》和《火电厂大气污染物排放标准》等，都对烟（粉）尘的排放做出了说明和要求。"十五"期间，我国主要对烟（粉）尘采取工程减排的方式进行控制，推动火电厂由机械式除尘、水力除尘向电除尘、袋式除尘、电袋除尘的方向发展，同时为火电机组配备了烟气粉尘排放在线连续监测装置。"十一五"期间，政府提出要把颗粒物尤其是可吸入颗粒物作为城市大气污染防治的重点，明确烟（粉）尘防治目标。"十二五"期间，国家环境保护规划明确指出实施多种大气污染物综合控制，并把颗粒物纳入重点治理项目。"十三五"期间，政府发布的《"十三五"生态环境保护规划》中提出，要深入实施《大气污染防治行动计划》，大幅削减颗粒物的排放量，并且提出要在分区施策，改善大气环境质量的同时深化区域大气污染联防联控，加强区域协同治霾，显著削减京津冀及周边地区颗粒物浓度。

如图 5.4 所示，总体来看，火电行业烟（粉）尘治理取得了良好的效果，2002~2015 年，我国烟（粉）尘减排量达 200 万吨，火电行业烟（粉）尘排放在全国工业中的占比下降至 25%。"十一五"之前，我国火电行业烟（粉）尘排放占全国工业排放总量的比例一直维持在 45% 左右，经过"十一五"和"十二五"两个时期的努力，这一比例降至 20%。

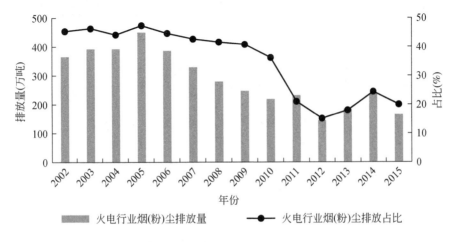

图 5.4　2002~2015 年火电行业烟（粉）尘排放情况

资料来源：历年《中国环境统计年报》

5.1.2.4　小结

表 5.2 分类总结了火电行业相关节能减排政策，从"九五"时期不断完善相关法律法规体系到"十五"和"十一五"期间两次修订《火电厂大气污染物排放标准》，我国通过实施更加严格的政策，以行政命令的方式对火电行业大气污染物排放进行控制。"十二五"期间，我国还通过深化工程减排，控制火电行业污染物的排放，具体表现为推进脱硫脱硝工程建设、推进脱烟（粉）尘新技术的使用、关闭小机

组发展大机组等。目前我国无论是对污染物的去除总量还是去除率都
已经达较为发达水平。在接下来的时期，政府强调结构减排，调整能
源结构，控制煤炭消费总量，鼓励以气代煤，鼓励低硫煤的使用等。
同时我国也在努力改变产业结构，推动高耗能、高污染产业转型升级，
加快淘汰落后产能。2013 年国务院印发的《大气污染防治行动计划》
提出加强区域协作机制，推动区域联防联控，协同治理大气污染。从
经济效率的角度看，激励机制的执行效果要优于行政命令型的直接监
管方式。而我国已有的激励机制主要是脱硫脱硝电价的成本补贴、排
污费的收取及排污权的交易试点工作。未来，通过市场的手段控制污
染排放还有很大的发展空间。

表 5.2 火电行业政策分类表

政策类型	政策名称	政策要求	政策执行方式
污染物排放标准制度	《火电厂大气污染物排放标准》（GB 13223—2011）（2011 年）	对二氧化硫，现有锅炉限值为 200 毫克/米³，新建锅炉限值为 100 毫克/米³；广西壮族自治区、重庆市、四川省和贵州省的火力发电锅炉执行 400 毫克/米³ 和 200 毫克/米³ 的限值	监管
		对氮氧化物，除采用 W 型火焰炉膛的火力发电锅炉，现有循环流化床火力发电锅炉，以及 2003 年 12 月 31 日前建成投产或通过建设项目环境影响报告书审批的火力发电锅炉执行 200 毫克/米³ 的限值外，其他火电燃煤锅炉执行 100 毫克/米³ 的限值标准	
	《大气污染防治行动计划》（2013 年）	现役锅炉烟尘执行 30 毫克/米³（重点地区执行 20 毫克/米³）的排放限值，新建锅炉烟尘也执行 30 毫克/米³（重点地区执行 20 毫克/米³）的排放限值	

政策类型	政策名称	政策要求	政策执行方式
补贴	《燃煤发电机组环保电价及环保设施运行监管办法》（2014 年）	安装环保设施的燃煤发电企业，环保设施验收合格后，由省级环境保护主管部门函告省级价格主管部门，省级价格主管部门通知电网企业自验收合格之日起执行相应的环保电价加价。新建燃煤发电机组同步建设环保设施的，执行国家发展和改革委员会公布的包含环保电价的燃煤发电机组标杆上网电价	脱硫电价 0.016 元/千瓦时
			脱硝电价 0.02 元/千瓦时
			除尘电价 0.003 元/千瓦时
	《关于实行燃煤电厂超低排放电价支持政策有关问题的通知》（2015 年）	对经所在地省级环境保护主管部门验收合格并符合上述超低限值要求的燃煤发电企业给予上网电价支持	对2016 年 1 月 1 日以前已经并网运行的现役机组，满足烟（粉）尘、二氧化硫、氮氧化物排放浓度分别不高于 $10mg/Nm^3$、$35mg/Nm^3$、$50mg/Nm^3$ 的，对其统购上网电量加价每千瓦时 0.01 元，对 2016 年 1 月 1 日之后并网运行的满足条件的新建机组，对其统购上网电量加价每千瓦时 0.006 元
排污费	《排污费征收使用管理条例》（2003 年）	国务院价格主管部门、财政部门、环境保护行政主管部门和经济贸易主管部门，根据污染治理产业化发展的需要、污染防治的要求和经济、技术条件及排污者的承受能力，制定国家排污费征收标准	废气排污费征收额 = 0.6 元×前 3 项污染物的污染当量数之和（二氧化硫、氮氧化物污染当量数为 0.95 千克，一般性粉尘为 4 千克）
排放权交易	《关于开展碳排放权交易试点工作的通知》（2011 年）	着手研究制定碳排放权交易试点管理办法，明确试点的基本规则，测算并确定本地区温室气体排放总量控制目标，研究制定温室气体排放指标分配方案，建立本地区碳排放权交易监管体系和登记注册系统，培育和建设交易平台，做好碳排放权交易试点支撑体系建设	以北京市、天津市、上海市、重庆市、湖北省、广东省及深圳市开展碳排放权交易试点

政策类型	政策名称	政策要求	政策执行方式
能源总量控制	《能源发展"十二五"规划》《"十二五"节能减排综合性工作方案》（2013 年）	到 2015 年，我国一次能源消费总量目标为 40 亿吨标准煤，全社会用电量目标控制在 6.15 万亿千瓦时，实施能源消费强度和消费总量双控制	鼓励发展智能电网和分布式能源，推进节能发电调度，鼓励余热余压综合利用。加强能源需求侧管理，开展电力需求侧管理城市综合试点，加强"能效电厂"示范和推广。继续推行"上大压小"，加强节能、节水、脱硫、脱硝等技术的推广应用，实施煤电综合改造升级工程，到"十二五"末，淘汰落后煤电机组 2000 万千瓦
	《能源发展"十三五"规划》《"十三五"节能减排综合性工作方案》（2016 年）	到 2020 年，我国能源消费总量控制在 50 亿吨标准煤以内，全社会用电量控制在 6.8 万~7.2 万亿千瓦时	取消一批，缓核一批，缓建一批和停建煤电项目，新增投产规模控制在 2 亿千瓦以内
能源效率	《全面实施燃煤电厂超低排放和节能改造工作方案》（2015 年）	全国新建燃煤发电项目原则上要采用 60 万千瓦及以上超超临界机组，平均供电煤耗低于 300 克标准煤/千瓦时，到 2020 年，现役燃煤发电机组改造后平均供电煤耗低于 310 克标准煤/千瓦时	各地要加大执法监管力度，推动企业进行限期治理，一厂一策，逐一明确时间表和路线图，做到稳定达标，改造机组容量约 1.1 亿千瓦

5.1.3 火电治理政策的环境收益

火力发电从开采、运输到燃烧、回收都会产生严重的环境污染。火力发电过程中排放的污染物主要有 SO_2、NO_x 及大量的 PM ［烟（粉）尘］。这些污染物会危害人体健康、造成农作物减产、腐蚀建筑物。SO_2 不仅是形成酸雨的主要来源，还会诱发呼吸系统疾病，污染大气、土壤、植物，腐蚀建筑物。NO_x 会破坏臭氧层，损害人体健康，降低城市能见度，损害作物。PM［烟（粉）尘］会导致慢性障碍性肺病，危害人体健康。如上一节所述，我国为治理火电生产带来的环境问题制定了一系列的环境政策。环境政策旨在通过一系列的命令、控制手段和激励性措施减少污染，改善环境质量，降低火力发电的环境成本。

　　本小节将具体分析、核算火电环境治理政策的环境收益。核算火力发电环境政策带来的环境效益主要有两种方法：一种是治理成本法，即按照现有的生产能力和技术水平，核算治理污染物的虚拟成本；另一种是污染损失法，即各类污染物带来的不同层面的经济损失。治理成本法侧重于污染物治理的总体效益，而污染损失法侧重于污染物减少对人体健康、农作物、建筑物等不同方面的具体效益。我们分别采取治理成本法和污染损失法，计算火力发电通过环境政策，减少污染物排放所带的收益，并对两种方法进行对比分析。

5.1.3.1　治理成本法

　　治理成本法常被用于计算火力发电导致的环境损失的外部成本。本小节将火力发电造成的污染分为废水污染和废气污染两个方面。废水中主要包括 COD、氨氮、石油类、铅、砷、氰化物等污染物；废气中主要包含 SO_2、氮氧化物、烟尘等。计算的基本公式为：

　　单位火力发电产生的环境治理成本＝单位污染物的治理成本

×污染物排放量/火力发电量

　　相关数据来源：①从 2006～2016 年的《中国环境统计年鉴》《中国环境统计年报》获得了火力发电的废水废气排放量；②从《中国环境经济核算绿色指南》、试点省（自治区、直辖市）绿色国民经济核算和损失调查获得不同污染物的单位治理成本；③从 2006～2016 年的《中国能源统计年鉴》获得火力发电量数据。

（1）废水的虚拟治理成本

　　根据废水中的各类污染物的排放量和各类污染物的实际单位治理成本核算各项污染物的虚拟治理成本，将各项污染物的虚拟治理成本加总得到废水治理的总成本，具体如图5.5所示，再除以当年火力发电量计算出单位火力发电的废水污染物治理成本，结果如图5.6所示。2005～2015年火力发电的平均发电量为33253.86亿千瓦时，每千瓦时

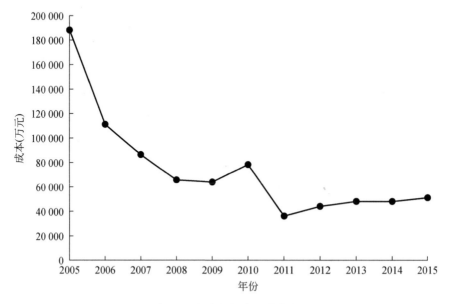

图5.5　废水虚拟治理总成本

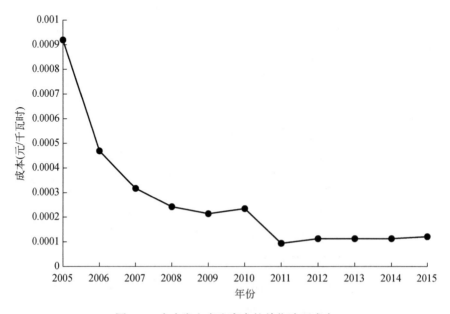

图5.6　火力发电产生废水的单位治理成本

的火电带来的环境外部损失货币化后平均为 0.000 27 元。在这十年间火力发电总量持续上升，增速逐渐放缓。火力发电的单位治理成本总体呈现下降的态势，但 2011 年之后有小幅增长。

（2） 废气的虚拟治理成本

与火电废水污染物的单位治理成本计算方法类似，根据废气中的各项污染物的实际单位治理成本核算出各项废气污染物的虚拟治理成本，将各项废气污染物治理成本加总得到废气治理总成本具体如图 5.7 所示。再根据当年火力发电量计算出单位火力发电所产生的废气污染物治理成本，结果如图 5.8 所示。2005~2015 年火力发电产生废气的单位治理成本总体呈下降趋势，平均治理成本为 0.008 762 元/千瓦时。

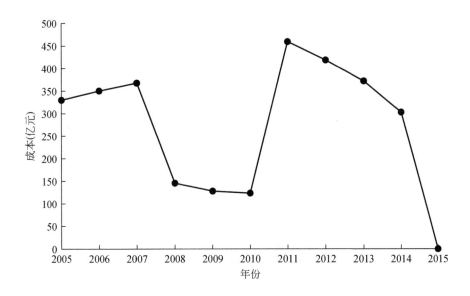

图 5.7　废气治理总成本

将废水、废气的虚拟治理成本加总得到火力发电的总外部成本，结果如图 5.9 所示。2005~2015 年，火力发电的单位治理成本总体呈下降趋势，平均值为 0.009 035 元/千瓦时。火力发电的单位治理成本中，废气治理成本占总成本 80% 以上且呈现出占比总体上升的趋势。这意味着环境政策应该更多地关注对 SO_2、氮氧化物和工业烟（粉）

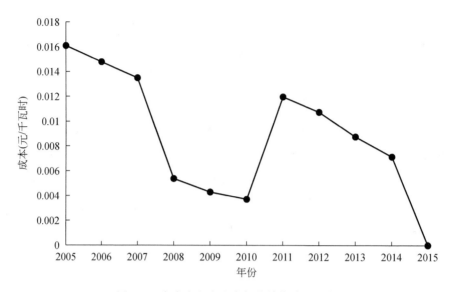

图 5.8　火力发电产生废气的单位治理成本

尘等废气排放的控制。2009~2011 年的《中国能源统计年鉴》中，氮氧化物的排放量数据缺失，因此 2008~2010 年的废气虚拟治理成本低于正常年份，但总体而言，废气的虚拟治理成本显著高于废水的单位治理成本且逐年递减的结论仍然成立。

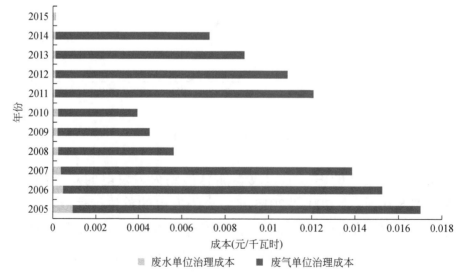

图 5.9　火力发电的总外部成本（治理成本法）

5.1.3.2 污染损失法

本小节选取火力发电过程中未经处理直接排放到环境中的最主要的三大污染物——SO_2、NO_x、PM［烟（粉）尘］，分别考察这些污染物排放减少对人体健康、农业生产和建筑物产生的影响。

（1）火力发电污染物对农业生产的损害

火力发电排放的 SO_2 和 PM［烟（粉）尘］容易引发呼吸系统和循环系统的疾病，危害人体健康。大气污染对人体健康损失主要分为三种类型：①与大气污染有关的全死因造成的损失；②与大气污染有关的住院损失及休工损失；③大气污染导致的失能损失（於方等，2007；2009）。由于数据可得性的问题，本小节只计算与大气污染有关的全死因造成的损失，并将烟台龙源电力技术股份有限公司的年度报告中与大气污染有关的住院损失及休工损失及大气污染导致的失能损失的有关结论作为补充。

损害核算包括两个步骤：危害量的确定，即由大气污染导致的过早死亡人数的确定；危害量的货币化，即人体健康受损对应的经济损失的核算。

a. 危害量的确定

大气污染对人体健康的前期研究集中在危害量的确定上，研究内容由最初的大气污染对死亡率的急性影响（短时间暴露在高浓度的污染物中导致的死亡）逐渐扩展到大气污染对死亡率的慢性影响上。各项研究均表明污染物的增加与各类疾病的死亡率和住院率上升关系显著，许多学者对我国空气污染的死亡人数进行了估算，主要研究结论如表 5.3 所示。汇总相关研究结论发现，我国空气污染的死亡人数为年均 100 万左右，其中，最低值为陈竺等估算的因空气污染导致每年早死 35 万～50 万，最高值为世界银行 2013 年估算的 160 多万。

表5.3　大气污染对人体健康的影响

作者	研究成果
高军	①SO_2浓度每增加1倍，人群总死亡率、COPD死亡率、肺心病死亡率和心血管疾病死亡率分别增加11%、29%、19%和11% ②大气TSP浓度每增加1倍，人群总死亡率、COPD死亡率和肺心病死亡率分别增加4%、38%和8%
徐肇翊	①SO_2每增加100μg/m³，人群总死亡率、COPD死亡率和肺心病死亡率分别增加2%、7%和2% ②大气TSP浓度每升高100μg/m³，人群总死亡率、COPD死亡率和肺心病死亡率分别增加2%、3%和2%
陈晓琳	①大气TSP浓度每增加100μg/m³，人群总死亡率、COPD死亡率、心血管疾病死亡率和脑血管疾病死亡率分别增加8%、24%、24%、8% ②SO_2浓度每增加60μg/m³，咳嗽和气急发生的相对危险度分别为1.31和1.71
Xu	①非外科病人门诊数与大气中TSP、SO_2污染浓度呈正相关，大气污染最严重的日子与最轻时相比，非外科门诊病人数可以增加17%～20% ②从科室来看，以儿科和内科门诊数与大气污染水平的关系最为密切

b. 危害量的货币化

在危害量的货币化核算中，普遍采用的方法主要有支付意愿法（Willingness to Pay Method）和人力资源成本法（Human Capital Method）。支付意愿法指通过问卷调查等形式，对人们为降低安全风险或提高生存几率所愿意支付的金额进行统计估算；人力资源成本法指按照一个地区平均的工资水平进行贴现估算生命统计价值。本小节采用人力资源成本法对空气污染导致的生命健康损失进行估算，平均工资水平的数据选用2015年的全国人均收入（49228.73元）。

采取人力资源成本法对空气污染导致的生命健康损失进行估算，如果考虑空气污染的平均死亡人数为100万人、20年的寿命损失、收入年增长率为7%、年贴现率为8%，使用2015年的全国人均收入49 228.73元计算，早死导致的生命价值损失为100万～179万元，每年火力发电带来的死亡损失约为1470.5亿元。根据我国2015年火力发电量，可计算得出单位火力发电的过早死损失为0.054元/千瓦时。

根据烟台龙源电力技术股份有限公司的年度报告，2005 ~ 2007 年我国单位火力发电产生的 PM_{10} 导致的死亡损失为 0.031 61 元/千瓦时，其估值低于本小节的 0.054 元/千瓦时估算结果。这是由于 2015 年我国的人均收入高于 2005 ~ 2007 年，以此为基础的生命价值损失也高于 2005 ~ 2007 年的核算结果。此外，烟台龙源电力技术股份有限公司的年度报告，还进一步估算了 2005 ~ 2007 年单位火力发电产生的 PM_{10} 导致的住院损失和失能损失，分别为 0.030 49 元/千瓦时和 0.028 16 元/千瓦时。

（2）火力发电污染物对农业生产的损害

火力发电产生的 SO_2 会导致酸雨天气，进而造成农作物的减产。酸雨天气指的是 pH 小于 5.6 的降水。对由火力发电导致的农作物的损失的估算同样分为两个步骤：一是损失量的确定，估计酸雨区面积和酸雨造成的减产比例；二是损失量的货币化，根据农作物的价格指数估算酸雨造成的农业损失。

a. 损失量的确定

张林波（1997）将降水 pH 均值 ≥5.0 且 SO_2 不超过 0.04 毫克/米^3 作为伤害阈值，即酸雨对农作物不产生伤害的无污染地区，并确定了江苏、浙江、安徽、福建、湖南、湖北、江西 7 个主要受污染的省份。后续的研究大多沿用这一标准。刘鸿亮（1998）建立了工业耗煤量与 SO_2 受污染面积之间的线性关系（如下式），并计算出系数为 0.722 平方千米/万吨。

$$S = aw \tag{5.1}$$

式中，S 为 SO_2 污染面积，单位平方千米；w 为年耗煤量，单位为万吨；a 为系数，其值为 0.722 平方千米/万吨。

酸雨和 SO_2 对农作物的影响可以是单一的，也可以是复合的。邢廷铣（2002）在综合了曹洪法等（1991）、陈年和尹启后（1996）和冯宗炜等（1999）的研究的基础上，总结出了酸雨和 SO_2 对农作物单一影响和复合影响的基准值，结果如表 5.4 所示。

表 5.4　酸雨和 SO_2 对不同农作物复合影响的基准值

作物种类	减产幅度（%）	酸雨 pH	SO_2 浓度（mg/m³）	SO_2 剂量（mg·m⁻³/hm²）
抗性作物 （水稻、大豆、花生等）	5.0	4.6	0.20~0.28	50~68
	10~15	4.0~3.6	0.28~0.37	68~90
	20~25	<2.6	0.37~0.43	90~125
中度敏感作物 （小麦、玉米、薯类等）	5.0	4.6	0.15~0.20	28~36
	10~15	4.0~3.6	0.20~0.28	48~50
	20~25	<2.8	0.28~0.37	68~90
敏感作物 （大部分蔬菜）	5.0	5.2~4.8	0.08~0.13	21~33
	10~15	4.6~4.0	0.13~0.24	32~58
	20~25	<3.0	0.24~0.37	58~78

根据表 5.4 的减产幅度，计算各省的酸雨污染面积。冯颖竹等（2012）对冯宗炜（1995）、曹洪法等（1991）及冯宗炜等（1999）的研究成果进行汇总，得到了江苏、浙江、安徽、福建、江西、湖南、湖北、四川、贵州、广东、广西等 11 个省份（自治区）的酸雨污染面积，结果如图 5.10 所示。

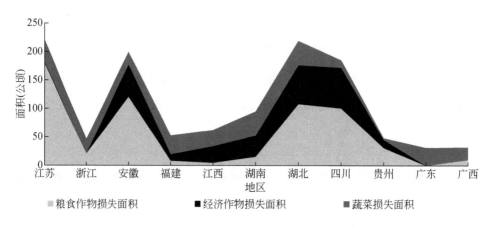

图 5.10　各省（自治区）酸雨污染面积

b. 损失量的货币化

利用农作物的减产幅度和当年农产品的价格指数可以进一步将农

业损失货币化。张林波等（1997）研究表明江苏、浙江、安徽、福建、湖南、湖北、江西7省主要农作物受酸沉降影响播种面积达991.83万公顷，减产562.41万吨，经济损失约合36.99亿元。吴劲兵等（2002）估算得出酸沉降使安徽省铜陵市主要农作物减产1902.97吨，经济损失101.15万元。冯颖竹等（2012）对冯宗炜（1995）、曹洪法等（1991）及冯宗炜等（1999）的研究成果进行汇总，得到了江苏、浙江、安徽、福建、江西、湖南、湖北、四川、贵州、广东、广西等11个省份（自治区）的酸雨污染面积及其对农作物造成的经济损失，结果如图5.11所示。

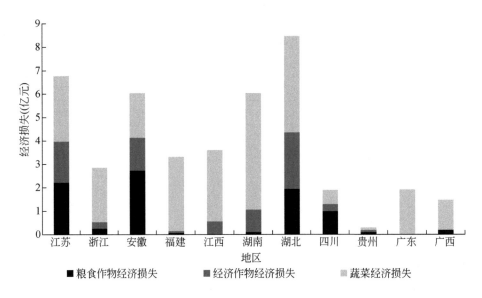

图5.11　各省（自治区）酸雨造成的农业经济损失

注：广东、广西两地经济作物损失数据缺失

本小节借鉴冯颖竹等（2012）的研究结果，并利用上述各省（自治区）由于酸雨造成的农作物的总损失与1999年火力发电量之比估计单位火力发电的经济损失，结果如表5.5及图5.12所示。各省（自治区）火力发电量来源于《环境统计数据1999》。各省（自治区）平均酸雨污染面积117.16万公顷，平均经济损失达3.871亿元，其中，单位火力发电造成的农作物的经济损失达0.016元/千瓦时。

表 5.5 1999 年火力发电中酸雨对农作物造成的损失

地区	酸雨污染面积（万公顷）	酸雨经济损失（亿元）	火力发电量（亿千瓦时）	单位火力发电损失（元/千瓦时）
江苏	300.65	6.770	787	0.0086
浙江	63.29	2.850	439.9	0.0065
安徽	199.34	6.045	298.5	0.0203
福建	52.53	3.318	172.2	0.0193
江西	62.17	3.604	134.7	0.0268
湖南	94.76	5.938	167.1	0.0355
湖北	219.09	8.463	283	0.0299
四川	185.35	1.900	183.5	0.0104
贵州	48.21	0.300	200.9	0.0015
广东	31.26	1.917	877.2	0.0022
广西	32.11	1.472	99.5	0.0148
平均	117.16	3.871	331.227	0.016

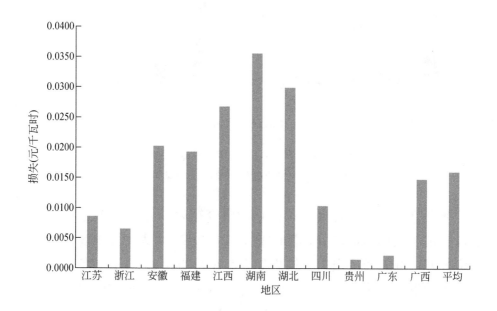

图 5.12 1999 年单位火力发电损失

烟台龙源电力技术股份有限公司的年度报告的研究结果显示，2005～2007 年单位火力发电造成的农作物损失分别为 0.0043 元/千瓦时、0.0048 元/千瓦时和 0.0056 元/千瓦时。姜子英（2010）以 2001～2005 年的数据研究发现单位火力发电造成的农作物的损失为 0.0158 元/千瓦时，与我们的估算结果相近。不同研究报告的估算结果的差异主要是由于研究使用了不同年份、不同区域的相关数据差异造成的。

(3) 火力发电污染物对建筑物的腐蚀

火力发电造成的建筑物损失的计算同样可以分为损失量的确定和损失量的货币化两个步骤。在损失量的确定过程中，首先计算各类建筑物的临界损伤阈值，然后对比清洁条件下建筑物的使用寿命估计大气污染造成的建筑物寿命的损失，再直接利用各种建筑物的市场价格进行损失量的货币化。

a. 损失量的确定

首先，计算材料的临界损伤阈值。

$$CDL_i = Y_{pai}L_{pai} \tag{5.2}$$

式中，CDL_i 表示 i 种材料的临界损伤阈值，单位为 μm；Y_{pai} 表示材料调查条件下的腐蚀速度，单位为 $\mu m/a$，从剂量反应关系中获得；L_{pai} 表示材料调查获得的材料经验寿命，单位为 a。本小节中不同材料的临界损伤阈值 CDL 采用了《中国环境经济核算技术指南》中推荐的值，具体如表 5.6 所示。

表 5.6 建筑物材料的临界损伤阈值

材料	材料的临界损伤阈值（μm）
水泥	—
铝	10
油漆木材	13
大理石/花岗岩	160
陶瓷和马赛克	—
水磨石/水泥	—

材料	材料的临界损伤阈值（μm）
油漆灰	13
镀锌钢	7.3
涂漆钢	13
涂漆钢防护网	13
镀锌防护网	7.3

其次，计算对照的未受到酸雨腐蚀的清洁区的材料正常寿命。

$$L_{0i} = CDL_i / Y_{0i} \tag{5.3}$$

式中，L_{0i} 表示对照清洁区 i 种材料的寿命，单位为 a；Y_{0i} 表示对照清洁区 i 种材料的腐蚀速度，单位为 μm/a。利用不同暴露材料与［SO_2］和［H^+］的剂量反应关系计算材料寿命，本报告采用国家"七五"酸雨重点科学研究课题调查结果及 ECON 报告（ECON，2000）基于欧洲研究推荐的剂量反应关系，具体见表 5.7。根据国家 SO_2 标准和酸雨与材料破坏之间相关的研究，建议 SO_2 和酸雨的材料损害阈值分别取：［pH］0 = 5.6，［SO_2］0 = 0.015 mg/m³。

再次，计算污染条件下的材料寿命。

$$L_{pi} = CDL_i / Y_{pi} \tag{5.4}$$

式中，L_{pi} 表示污染条件下的 i 种材料的寿命，单位为 a；Y_{pi} 表示污染条件下的 i 种材料的腐蚀速度，单位为 μm/a。利用现状条件下不同暴露材料与［SO_2］和［H^+］的剂量反应关系计算材料寿命，具体如表 5.7 所示。由于降水 pH 存在一个波动范围，以每年最低 pH 进行计算。

表 5.7　建筑物暴露材料损失计算的剂量反应关系

材料	腐蚀速度（μm/a）
水泥	如果［SO_2］<15 μg/m³，50 年，以及 40 年
砖	如果［SO_2］<15 μg/m³，70 年，以及 65 年
铝	$Y = 0.14 + 0.98[SO_2] + 0.04 \times 10^4 [H^+]$

续表

材料	腐蚀速度（μm/a）
油漆木材	$Y=5.61+2.84[SO_2]+0.74\times10^4[H^+]$
大理石/花岗岩	$Y=14.53+23.81[SO_2]+3.8\times10^4[H^+]$
陶瓷和马赛克	如果$[SO_2]<15\mu g/m^3$,70 年,以及 65 年
水磨石/水泥	如果$[SO_2]<15\mu g/m^3$,50 年,以及 40 年
油漆灰	$Y=5.61+2.84[SO_2]+0.74\times10^4[H^+]$
瓦	如果$[SO_2]<15\mu g/m^3$,45 年,以及 40 年
镀锌钢	$Y=0.43+4.47[SO_2]+0.95\times10^4[H^+]$
涂漆钢	$Y=5.61+2.84[SO_2]+0.74\times10^4[H^+]$
涂漆钢防护网	$Y=5.61+2.84[SO_2]+0.74\times10^4[H^+]$
镀锌防护网	$Y=0.43+4.47[SO_2]+0.95\times10^4[H^+]$

b. 损失量的货币化

计算一次维修或更换的总费用，通过调查，获得材料统计清单，得到各种材料的总存量及其分别，维修频率或更换频率及其费用。

计算材料存量的方式有两种：一种是利用单位建筑面积的材料暴露量，另一种是利用人均建筑物材料暴露量。但由于现有统计资料缺乏城市建筑面积的数据，而城市人口的统计数据容易获取。因此，采用人均建筑物暴露材料量与城市人口的乘积，来表示城市建筑物暴露材料存量。本报告采用《中国环境经济核算技术指南》的取值，东部发达地区采用广州市的调查数据，欠发达地区采用济南的调查数据，具体如表 5.8 所示。

表 5.8 不同材料人均占有建筑暴露材料存量及一次更换或维修价格

材料	人均占有建筑暴露材料存量（平方米/人）		更换或维修价格（元/米²）
	东部	其他	
水泥	7.25	18.34	22
砖	18.51	10.83	65
铝	10.03	3.2	200
油漆木材	1.24	0.56	20

材料	人均占有建筑暴露材料存量（平方米/人）		更换或维修价格（元/米²）
	东部	其他	
大理石/花岗岩	9.14	0.47	200
陶瓷和马赛克	40.97	7.76	48
水磨石/水泥	22.51	15.17	26
油漆灰	4.61	18.26	15
瓦	2.36	3.28	8
镀锌钢	0.29	0	16
涂漆钢	6.69	0.28	16
涂漆钢防护网	13.82	13.82	16
镀锌防护网	9.21	9.21	16

最后，计算酸雨和 SO_2 污染的建筑材料损失

$$EC_{mpi} = (1/L_{pi} - 1/L_{0i}) \times EC_{m0i} \tag{5.5}$$

$$EC_m = \sum_i EC_{mpi} \tag{5.6}$$

根据式（5.5）、式（5.6），首先计算出酸雨区由于 SO_2 和酸雨造成的建筑材料总损失，根据火力发电排放的 SO_2 量占 SO_2 总排放量的比重将总损失进行分解，以计算酸雨区由于火力发电排放的 SO_2 造成的建筑材料损失，进一步利用酸雨区总火力发电量计算单位火力发电造成的建筑材料损失。烟台龙源电力技术股份有限公司的年度报告研究表明，2005 ~ 2007 年单位火力发电造成的建筑材料损失分别为 0.009 1 元/千瓦时、0.007 82 元/千瓦时、0.006 96 元/千瓦时，平均为 0.007 96 元/千瓦时。

在只考虑人体健康的改善、农作物和建筑物的减损效益的情况下，火电环境政策的总环境效益的估值为 0.192 ~ 0.043 元/千瓦时（表5.9）。其中人体健康的改善作用的估计不确定性较高，其中一个原因是部分研究只考虑了火力发电造成的过早死亡，没有涵盖住院和失能损失。

表 5.9　基于污染损失法的环境效益核算 （单位：元/千瓦时）

环境效益	低估	高估
人体健康的改善	0.030	0.168
农作物的减损	0.005	0.016
建筑物的减损	0.008	
合计	0.043	0.192

考虑到污染损失法除了上述三部分外还应该包括煤炭开采减少对地质条件的改善、粉煤灰占地减少等效益，因此本小节对政策的环境效益的估计总体上较为保守，实际上环境政策的总效益应当大于我们的估计值。

5.2　清洁取暖的环境收益[①]

我国是世界上最大的煤炭消费国。2017 年，我国的煤炭消费量占全球煤炭消费总量的一半以上（BP，2018）。煤炭燃烧不仅会产生大量的二氧化碳等温室气体，还会产生烟（粉）尘、二氧化硫、氮氧化物等空气污染物。根据 MIIT（2015）的报告，中国 70% 的烟（粉）尘、85% 的二氧化硫和 67% 的氮氧化物排放来自化石能源（主要是煤炭）的消费。近年来，中国反复出现大规模、长时间的空气污染天气。2018 年，我国主要大气污染物之一 $PM_{2.5}$ 的平均浓度达到 39 微克/米^3。煤炭燃烧产生的空气污染物和二氧化碳等温室气体会对人体健康、农业生产、经济发展等带来影响（裴辉儒，2017；李昱瑾，2017）。根据 Greenstone 和 Fan（2018）的研究，如果中国的 $PM_{2.5}$ 水平能够达到世卫组织 $PM_{2.5}$ 的指导标准（10 微克/米^3），中国的平均预期寿命能够

[①] 本小节内容主要基于笔者于 2019 年发表在《中国环境管理》上的学术论文和 2020 年出版的专著：《北京清洁取暖政策实施效果及成本收益量化分析》《中国家庭能源消费研究报告 能源消费转型背景下的家庭取暖散煤治理评估》。

增加 2.9 年。因此，清洁取暖政策的收益包括人体健康改善的收益，农业生产增加的收益以及社会由于污染物治理成本减少对应的收益，本小节在 5.1 小节的基础上，进一步计算了清洁取暖政策带来的环境收益。

5.2.1 清洁取暖环境收益的测算方法

本小节按照北京清洁取暖的政策类型，分别衡量"煤改电""煤改气"和"清洁燃煤替代"三种政策的环境收益。环境收益主要来自分户取暖的能源由散煤转为电力、天然气和优质燃煤所减少的二氧化硫、氮氧化物、烟（粉）尘等污染物的降低，平均每户家庭进行清洁取暖改造的环境收益计算公式见式（5.7）。

$$\text{Benefit}_j = -\sum_{i=1}^{n} (\Delta E_{i,j} \times C_i) \tag{5.7}$$

式中，$\Delta E_{i,j}$ 表示在政策实施后，北京平均每户家庭一个供暖季使用 j 能源取暖时空气污染物 i 排放量的变化量，单位为吨；$j = 0$，1，2，3，分别对应着使用散煤、电力、天然气和清洁燃煤取暖；C_i 表示每单位污染物排放量的社会成本，单位为元/吨；$i = 1$，2，$\cdots$，n 为排放污染物的种类。

其中，清洁取暖政策前后分户取暖用能中第 j 类能源排放的第 i 类污染物的排放变化量 ΔE_{ij} 用式（5.8）计算：

$$\Delta E_{ij} = \Delta A_j \times \text{EF}_{ij} \tag{5.8}$$

式中，ΔA_j 表示清洁取暖政策实施前后平均每户家庭分户取暖所使用的第 j 类能源消耗量的变化，单位为吨/户，千瓦时/户或立方米/户；$j = 0$，1，2，3 分别对应散煤、电力、天然气和清洁燃煤；EF_{ij} 表示第 j 类能源排放的第 i 类污染物的排放因子，单位为千克/吨，克/千瓦时或克/米^3。

能源消耗的变化量 ΔA_j 利用问卷调研得到面板数据，根据平均每户家庭在减煤政策实施前后能源消耗的差值进行估计，公式如（5.9）

所示：

$$\Delta A_j = Q_j' - Q_j \qquad (5.9)$$

式中，Q_j' 表示清洁取暖政策实施后每户家庭的 j 能源的平均消耗量；Q_j 表示政策实施前每户家庭 j 能源的平均消耗量。其中，"煤改电"政策主要考虑煤炭和电力消费量的变化，"煤改气"政策主要考虑煤炭和天然气消费量的变化，"优质燃煤替代"主要考虑不同类型煤炭消费量的变化。

5.2.2　测算数据和参数

5.2.2.1　污染物排放因子

煤炭燃烧的主要排放物包括多种空气污染物，不同类型的煤炭和燃烧条件具有不同的排放因子。我们将煤分成烟煤/散煤和无烟煤两大类，总结以往相关文献关于排放因子的研究结果（表 5.10 和表 5.11），计算过往研究结论的平均值，作为本小节测算使用的排放因子。

表 5.10　烟煤/散煤的污染物排放因子　　（单位：千克/吨）

来源	研究对象	能源类型	污染物					
			PM$_{2.5}$	SO$_2$	NO$_x$	CO	TSP	PM$_{10}$
梁云平等（2017）	北京农村	烟煤散煤		1.62	2.2	86.3		
徐钢等（2016）	京津冀	散煤		17.12	2.8	65.24	6.37	
支国瑞等（2015）	保定农村	烟煤散煤	6.99	20.72	1.62			
孔少飞等（2014）	中国城乡	烟煤块煤	9.873					11.93
沈国锋（2021）	青藏农村	烟煤块煤				288		
虞江萍等（2008）	中国农村	烟煤			1.88		1.3	
刘源等（2007）	北京	烟煤散煤	4.91					
烟煤/散煤		平均值	7.26	13.15	2.13	146.51	3.84	11.93
		标准差（S$_2$）	2.49	10.15	0.51	122.98	3.59	

表5.11　无烟煤的污染物排放因子　　（单位：千克/吨）

来源	研究对象	能源类型	污染物					
			PM$_{2.5}$	SO$_2$	NO$_x$	CO	TSP	PM$_{10}$
马丽萍等（2018）	陕西省民用散煤	煤球						2.32
		蜂窝煤						1.28
祁娟（2017）	中国	煤球/蜂窝煤		2.245			0.28	
梁云平等（2017）	北京农村	煤球		1.91	0.9	37.3		
		蜂窝煤		1.5	0.42	22.4		
孔少飞等（2014）	中国城乡	蜂窝煤	0.78					0.87
Chen等（2015）	中国城乡	煤球						1.04
		蜂窝煤	1.329					1.84
支国瑞等（2008）	中国城乡	煤球						1.5
		蜂窝煤						1.15
Zhang等（2008）	中国城乡	煤球	5.242					
		蜂窝煤	1.054					
刘源等（2007）	中国民用燃煤	蜂窝煤	5.53					
田贺忠等（2001）	中国	煤球		3.23	0.31			
周伯俞等（1992）	中国	煤球		7.61	0.41	38.58		
孙竹如和吴依平（1988）	上海市燃煤	蜂窝煤		1.47	0.50	78.05		
平均值		煤球	5.24	2.08	0.54	37.30	0.28	1.62
		蜂窝煤	2.17	1.87	0.46	28.70	0.28	1.29
标准差（S$_2$）		煤球	0.00	0.24	0.32	0.91	0.00	0.65
		蜂窝煤	2.25	0.53	0.06	39.35	0.00	0.41

　　清洁取暖政策减少了散煤使用量的同时，增加了电力、天然气和清洁燃煤的消耗量，同样采取文献聚类梳理的方法，得到电力和天然气的主要污染排放物排放因子，如表5.12和表5.13所示。

表 5.12　电力主要污染物排放因子　　　（单位：克/千瓦时）

来源	污染物				
	$PM_{2.5}$	SO_2	NO_x	CO	PM_{10}
Ohara 等（2007）		8.085	2.974	1.698	
Zhang 等（2009）	0.514	6.397	3.209	0.824	0.864
Zhao 等（2013）	0.170	2.187	2.289	0.333	0.293
孙洋洋（2015）	0.276	6.942	2.675		
孙爽（2016）		1.327	1.651		
邢有凯（2016）	0.168	1.100	1.100		
样本数（n）	4	6	6	3	2
平均值	0.282	4.340	2.316	0.952	0.579
标准差（S_2）	0.163	3.138	0.810	0.691	0.404

表 5.13　天然气主要污染物排放因子　　　（单位：克/米³）

来源	排放物	
	SO_2	NO_x
庞军等（2015）	0.630	1.843
王春兰等（2017）	0.610	1.820
贺洪燕（2015）	0.001	1.844
张凤霞（2017）	0.14	4.99
样本数（n）	4	4
平均值	0.345	2.624
标准差（S_2）	0.322	1.577

5.2.2.2　单位污染物的社会成本

单位污染物的社会成本（C_i）定义为由污染物造成的社会和环境损害的经济损失。通过全面地梳理已有研究成果，我们总结单位排放的社会成本，具体如表 5.14 所示。本小节使用近年来中国地区的平均值来衡量污染物排放的经济损失。

表 5.14   主要污染排放物社会成本

来源	地区	污染物（美元/吨）						
		$PM_{2.5}$	SO_2	NO_x	CO	TSP	PM_{10}	VOC
Yang 等（2013）	中国		902	1 006			7 714	
Berechman 和 Tseng（2012）	中国台湾	554 229	13 960	4 992	3		375 888	13 960
Litman（2012）	美国	317 000		934	205		3 175	
Muller 和 Mendelsohn（2007）	美国	2 200	1 200	300			3 500	400
World Bank（2010）	中国		379	269		5 801		
Song（2014）	中国	85 771	12 329	10 687	1 146		76 867	
魏学好和周浩（2003）	中国		948	1 264	158	348		
丁淑英等（2007）	中国		7 057	4 579			5 032	
平均值（美元）		85 771	4 323	3 561	652	3 075	29 871	——
平均值（人民币）*		582 385	29 353	24 179	4 427	20 879	202 824	——

* 按照 2018 年 7 月 29 日外汇中间价 6.79 元/美元计算

5.2.3   清洁取暖环境收益测算

5.2.3.1   "煤改电"政策的环境收益

"煤改电"政策下农村家庭分户取暖的散煤消费量的变化、电力消费量的变化详见本书 3.3.3.3 节。将散煤和电力消费量的变化数据、各类污染物的排放因子、单位污染物的社会成本数据代入式（5.7）~式（5.9），计算"煤改电"政策下发生能源替代后的环境外部收益，即为煤改电政策的环境收益。经计算可得，"煤改电"政策在北京给每户居民家庭带来的环境净收益约为 14 336 元，对于使用空气源热泵进行改造的家庭，户均净收益为 16 197.4 元（表 5.15）。

表 5.15 "煤改电"政策环境收益核算

	能源类型	PM$_{2.5}$	SO$_2$	NO$_x$	CO	TSP	PM$_{10}$	合计
各种排放物社会收益变化（元/户）	煤炭	10 022.1	762.91	105.69	1 348.98	149.23	4 519.82	16 908.7
	电力	−900.35	−698.42	−306.98	−23.09	—	−643.83	2 572.67
合计社会收益变化（元/户）	小计	9 121.7	64.5	−201.32	1 325.88	149.23	3 876	14 336
空气源热泵用户社会收益变化（元/户）	小计	10 642.8	82.47	−209.93	1 455.39	156.84	4 069.85	16 197.4

5.2.3.2 "煤改气"政策的环境收益

"煤改气"政策下农村家庭分户取暖的散煤消费量的变化、天然气消费量的变化详见本书 3.3.3.4 节，将散煤和天然气消费量的变化数据、各类污染物的排放因子、单位污染物的社会成本数据代入式（5.7）~式（5.9），计算"煤改气"政策下发生能源替代后的环境外部收益，即为"煤改气"政策的环境收益。经计算可得，"煤改气"政策在北京给每户居民家庭带来的环境净收益约为 12 386.6 元，对于使用壁挂炉作为天然气取暖设备的家庭，户均净收益为 13 435.3 元（表 5.16）。

表 5.16 "煤改气"政策环境收益核算

	能源类型	PM$_{2.5}$	SO$_2$	NO$_x$	CO	TSP	PM$_{10}$	合计
各种排放物变化的社会收益（元/户）	煤炭	7 494.22	535.58	75.14	959.59	106.1	3 311.56	12 482.2
	天然气		−13.17	−82.43				−95.6
合计社会收益变化（元/户）	小计	7 494.22	522.42	−7.29	959.59	106.1	3 311.56	12 386.6
壁挂炉的用户社会成本变化（元/户）	小计	8 487.57	527.49	−10.75	1 001.71	104.5	3 324.79	13 435.3

5.2.3.3 "优质燃煤替代"政策的环境收益

"优质燃煤替代"政策的收益来源于使用优质燃煤替代散煤取暖而带来的污染物排放量减少的福利增加。优质燃煤替代劣质散煤进行取暖是北京清洁取暖政策中的一项过渡政策，但短期来看，因劣质散煤燃烧导致污染物排放减少带来的环境收益仍然不可忽视。

"优质燃煤替代"政策下农村家庭分户取暖的散煤消费量的变化、优质无烟煤消费量的变化详见本书3.3.3.5节，将散煤和无烟煤消费量的变化、各类污染物的排放因子、单位污染物的社会成本数据代入式（5.7）~式（5.9），计算"优质燃煤替代"政策下发生能源替代后的环境外部收益，即为"优质燃煤替代"政策的环境收益。经计算可得，"优质燃煤替代"政策在北京给每户居民家庭带来的环境净收益约为 11 154.1 元/户（表5.17）。

表5.17 "优质燃煤替代"政策的环境净收益

能源类型	排放物（元/户）						
	$PM_{2.5}$	SO_2	NO_x	CO	TSP	PM_{10}	合计
煤炭	2 739.58	818.07	95.71	1 175.9	204.94	6 119.91	11 154.1

综合以上分析，"煤改电""煤改气"和"优质燃煤替代"政策的环境收益分别为：14 336 元/户/取暖季，12 386.6 元/户/取暖季，11 154.1 元/户/取暖季。因此可见，清洁取暖政策带来的环境收益是巨大的。

5.3 发展公共交通的环境收益

汽车尾气中不仅包含二氧化碳，也包含 $PM_{2.5}$、一氧化碳（CO）、氮氧化物（NO_x）等其他污染物。已有研究表明，汽车尾气是城市空气污染的重要来源。汽车尾气会对人类的身体健康产生重大影响，增加心肺疾病、呼吸道感染、肺癌、婴儿死亡和儿童哮喘（EPA，2004；Chay and Greenstone，2003；Currie and Neidell，2005；Neidell，2004）等疾病的发病率。根据世界卫生组织的估计，城市空气污染在全球范围内每年造成的损失高达 640 万年的生命损失（Cohen et al.，2004）。

发展公共交通是许多城市采取的改善空气质量的措施之一。发达的公共交通系统能为人们提供更快、更便捷的出行方式选择，减少私家车的使用，减缓城市道路拥堵。公共交通的发展和私家车使用的减少不仅能够降低汽车尾气带来的二氧化碳排放，也能减少 $PM_{2.5}$、一氧化碳（CO）、氮氧化物（NO_x）等其他污染物的排放，改善城市的空气质量，在减排的同时带来环境收益。

根据生态环境部的数据，2013 年，中国 74 个大城市中只有 3 个达到官方空气质量标准。以北京市为例，2013 年北京市 $PM_{2.5}$ 的浓度是世界卫生组织指导方针的 8 倍。空气污染的主要来源之一就是机动车尾气，2001~2013 年，北京市的机动车保有量增长了 5 倍，机动车排放的 $PM_{2.5}$ 约占北京市 $PM_{2.5}$ 总排放量的 20%。为了应对机动车造成的空气污染问题，北京实行了严格的机动车限行制度，控制新车牌照的发放，此外，还在北京城市的公共交通建设方面进行了大规模的投资。近年来，城市轨道交通飞速发展，2013~2018 年，中国 35 个城市共建成或延长了 96 条城市轨道交通线路。2002~2014 年，北京市城市轨道交通系统的规模扩大了近 10 倍，站点数量从 39 个增加到 300 多个（Xie et al.，2016）。

本小节的研究旨在量化城市轨道交通建设的环境收益，利用 2013~2014 年中国 15 条地铁线路的开通数据，比较了地铁线路开通前后的空气污染水平，在控制其他可能影响污染的因素的基础上，评估城市轨道交通建设对空气质量的改善程度，量化公共交通系统的环境收益。

5.3.1 城市地铁的开通情况

本小节研究的样本是 2013～2014 年新开通的地铁线路或是在原有线路基础上进行了线路外延的城市。新线路开通或原有线路外延的开通时间数据来自地铁运营公司官网，部分缺失的数据来自地铁线路开通时的新闻报道。表 5.18 列出了本小节研究的样本范围，包括了中国 11 个城市的 15 条地铁线路，合计 237 个新开通的地铁站点。

表 5.18 2013～2014 年新开通地铁线路的基本情况

城市	线路编号	开通时间	已有站点数量	新站点数量	试运行时间
昆明	1	2013 年 5 月 20 日	3	12	2013 年 1 月 1 日
西安	1	2013 年 9 月 15 日	17	19	2013 年 6 月 11 日
广州	6	2013 年 12 月 28 日	129	21	2013 年 8 月 10 日
武汉	4	2013 年 12 月 28 日	47	15	2013 年 9 月 1 日
郑州	1	2013 年 12 月 28 日	0	20	2013 年 9 月 16 日
上海	12	2013 年 12 月 29 日	338	15	—
上海	16	2013 年 12 月 29 日	338	11	—
长沙	2	2014 年 4 月 29 日	0	19	2013 年 12 月 30 日
昆明	2	2014 年 4 月 30 日	15	14	—
大连	12	2014 年 5 月 1 日	12	8	—
宁波	1	2014 年 5 月 30 日	0	20	2014 年 1 月 19 日
无锡	1	2014 年 7 月 1 日	0	24	2014 年 2 月 14 日
南京	10	2014 年 7 月 1 日	53	14	2014 年 2 月 26 日
南京	S1	2014 年 7 月 1 日	53	8	2014 年 3 月 10 日
南京	S8	2014 年 8 月 1 日	75	17	2014 年 4 月 23 日

5.3.2 空气质量状况

从生态环境部官网获得样本城市 2013～2014 年每小时空气质量数据。这些空气质量数据由覆盖中国各大城市数百个空气质量监测站收集，包括 $PM_{2.5}$、PM_{10}、氮氧化物、一氧化碳和二氧化硫的浓度等。此外，我们还使用了生态环境部根据上述污染物浓度计算的代表空气质量的综合指数——空气质量指数（AQI）。AQI 的取值范围从 0 到 500，AQI 越高，表示当地的空气质量越差。

AQI 共分为六级：AQI 小于 50，空气质量等级为"优"；AQI 取值 50～100，空气质量等级为"良"；AQI 取值 101～150，空气质量为"轻度污染"；AQI 取值 151～200 为"中度污染"；AQI 取值 201～300 为"重度污染"；AQI 取值 300 以上为"严重污染"。2013 年，本小节研究的样本城市的平均空气质量指数约为 110，属于轻度污染。表 5.19 展示了地铁新建/扩建前后一个月的平均污染水平，除一氧化碳外，几乎所有空气污染物的水平在地铁的扩张和新线路开通后均显著地降低了。此外，我们还从高德地图上收集获得了各个空气质量监测站的位置，用于计算新建/扩建地铁线路站点与空气质量监测站之间的距离。

表 5.19　新建/扩建线路开通前后一个月各项空气污染物指标的变化情况

污染物指标	开通前一个月		开通后一个月		变化情况
	平均值	标准差	平均值	标准差	
空气质量指数（AQI）	120.2	79.41	105.6	66.71	−14.61***
$PM_{2.5}$（微克/米³）	88.01	70.87	75.091	56.83	−12.92***
PM_{10}（微克/米³）	132.65	89.68	114.63	77.69	−18.02***
氮氧化物（微克/米³）	55.68	36.99	52.30	36.74	−3.381***
一氧化碳（微克/米³）	1.40	1.00	1.33	0.84	−0.07***
二氧化硫（微克/米³）	41.30	49.45	32.77	38.71	−8.53***

***代表 1% 显著性水平

气象条件是空气污染水平的重要决定因素，为了控制气象条件对空气质量的影响，以便识别出地铁开通对空气质量的影响，我们还从国家气象中心收集了样本城市气象站的气象数据，同样分别计算了地铁新建/扩建线路开通前和开通后的空气质量情况。从表 5.20 中可以看出，新线路开通前后的气象条件也存在显著的差异，在后续的识别和估计中有必要控制气象条件，从而分离气象条件和地铁线路开通对空气质量的影响。

表 5.20　地铁新线路开通前后的气象条件

气象条件	新线路开通前一个月		新线路开通后一个月		变化情况
	平均值	标准差	平均值	标准差	平均值
风速（0.1m/s）	22.46	9.54	21.00	7.73	−1.45 ***
降水（0.1mm）	18.64	66.85	35.61	106.88	16.96 ***
气压（0.1hPa）	9 867.04	512.43	9 866.00	534.46	−1.041
温度（0.1℃）	170.96	85.86	172.05	0.64	1.09 ***

***代表1%显著性水平

5.3.3　地铁新线路开通的环境收益

利用计量经济学的估计模型，将空气污染水平的各个指标回归到代表地铁线路开通的虚拟变量、气象条件、时间、城市等其他影响空气质量的因素上，得到关于空气质量的回归估计方程。本小节主要关注在控制了其他影响气候变化的因素后，城市轨道交通新建/扩建线路的开通对空气质量的影响。根据回归估计结果，在地铁新建/扩建线路的开通使 AQI 平均下降了 23.6%，$PM_{2.5}$ 平均下降 30.6%，PM_{10} 平均下降 20.9%，氮氧化物平均下降 13.7%，一氧化碳平均下降 4.4%，二氧化硫下降 9.3%。可以看出，除一氧化碳以外，其他所有的估计都在 1%的水平上显著的。

利用回归方程的估计结果，进一步评估地铁新建/扩建线路开通带来的环境收益。由于 $PM_{2.5}$ 对人体的危害性大于 PM_{10}，而且我国大部分大城市的 $PM_{2.5}$ 水平较高，所以在估算环境收益时主要考虑地铁新建/扩建线路的开通所降低的 $PM_{2.5}$ 带来的收益。根据已有的研究，$PM_{2.5}$ 每增加 10 微克/米^3，人类的预期寿命减少 0.98 年（Ebenstein et al.，2017；Greenstone and Fan，2018）。根据回归方程的估计结果，地铁新建/扩建线路的开通使 $PM_{2.5}$ 值在样本均值 81.36 微克/米^3 的基础上降低了 30.6%，所以地铁新建/扩建线路开通能使附近居民的预期寿命增加 2.7 年。用人均年收入作为人类寿命的年价值，我们设计的样本城市的人均年收入为 3.5 万元，将预期寿命（2.7 岁）的变化乘以一个城市的年收入（3.5 万元）和平均的城市人口数量（564 万人），得出一条新建/扩建地铁线的平均收益为 5329.8 万亿元。地铁新建/扩建线路平均有 15.8 个站点，所以每个新站点所能带来的收益为 337.3 亿元。对比建造一个新地铁站点约 10.4 亿元的平均成本，地铁新建/扩建线路带来的环境收益远高于其建造成本。而且上述的估算只计算了 $PM_{2.5}$ 降低带来的环境收益和健康收益，如果进一步考虑其他污染物的降低，地铁新建/扩建线路开通带来的收益将会更高。

通过在回归方程中进一步加入交互项，我们发现，收入越高的城市，地铁新建/扩建线路开通所能减少的空气污染越有限。人口密度越高的城市，地铁新建/扩建线路开通对空气污染的改善效果越高。此外首次开通的地铁线路比在原有线路的基础上外延的地铁线路对空气质量的改善效果更高。

第6章 节能减排 植树固碳 还地球以清凉

气候变化影响着人类活动的方方面面。气候变化影响农业生产，一方面影响了农作物的单位面积产量，另一方面改变了农业生产者的农作物选择，两种效应相互叠加，从整体来看，气候变化损害了农业生产。气候变化影响家庭生活用能，更炎热的夏季和更温暖的冬季改变了家庭生活的制冷取暖用能选择和能源消费量。

化石能源消费是二氧化碳的主要来源之一，为了减缓气候变化，中国在能源领域开展了一系列减排行动。调整发电调度规则，逐步实现节能、环保、经济的电力调度，优先安排低能耗机组发电，将更多的发电利用小时数分配至低能耗、低污染机组，促进高效率低排放机组替代低效率机组，提高煤电行业整体的能源效率，减少二氧化碳排放。鼓励发展以风电和光伏发电为主的可再生能源，建立可再生能源补贴机制，深化电力体制改革，保障新能源消纳。实行集体林权改革，促进植树造林和退耕还林，提高森林碳汇。在居民生活方面，实施"清洁取暖"政策，"煤改电""煤改气""优质燃煤替代"改善居民取暖用能结构。大力发展公共交通，拓展城市轨道交通系统，减少汽车尾气带来的二氧化碳及各种空气污染物排放。

这些减排措施也产生了巨大的环境协同效应，带来可观的环境收益。化石能源消费效率提高，居民取暖用能清洁化，城市轨道交通的发展，减少了煤炭、汽油等化石能源消费中产生的二氧化硫、氮氧化物、烟（粉）尘、废水等多种污染物的排放，降低了空气污染、水污染、酸雨等环境问题对人们的生产生活及身心健康的损害。

多年来中国经济低碳转型的努力已经取得了显著成效。截至 2019 年年底，中国碳强度较 2005 年降低约 48.1%，非化石能源占能源消费比例提高至 15.3%，提前完成了 2010 年在哥本哈根气候变化大会前向国际社会承诺的到 2020 年单位 GDP 二氧化碳排放比 2005 年下降 40% ~ 45% 的目标，非化石能源占一次能源消费的比例达到 15% 左右的目标。习近平主席在 2020 年 9 月 22 日第 75 届联合国大会上宣布的我国力争于 2030 年实现碳达峰、2060 年实现碳中和的目标，勾勒出中国低碳转型发展未来 40 年的远景宏图。未来中国将继续以负责任的大国形象为推动世界实现可持续发展做出积极贡献，实现减排承诺，实现绿色和可持续发展。

参 考 文 献

本课题组.2010.中国2050年低碳发展之路——能源需求暨碳排放情景分析.经济研究参考, (26)：2-22.

曹洪法，舒俭民，刘燕云，等.1991.酸雨对两广地区农作物的经济损失研究.环境科学研究, 4（2）：1-6.

陈飞，毕得，谢伦裕.2019.乡村振兴背景下家庭能源消费研究——基于2017年浙江乡村入户 调查数据的分析.价格理论与实践，(9)：145-148.

陈晖，蔡宇涵，谢伦裕.2020.区域能源消费总量与结构的预测方法研究——基于广东省相关 数据的分析.价格理论与实践，(5)：161-164，176.

陈莉，李文硕，谭振刚，等.2013.天然气供热对二氧化碳排放量的影响.煤气与热力，2013, 33（3）：26-28.

陈沛霖，邢可佳，谢伦裕.2017.政府补贴对光伏产业产能利用率的影响——基于2011~2015 年企业面板数据的实证分析.中国物价，(6)：22-25.

丁淑英，张清宇，徐卫国，等.2007.电力生产环境成本计算方法的研究.热力发电，(2)：1- 4，27.

丁一汇，任国玉，石广玉，等.2006.气候变化国家评估报告（Ⅰ）：中国气候变化的历史和 未来趋势.气候变化研究进展，(1)：3-8.

丁一汇，史学丽.2022.助力碳中和的气候系统模式与社会经济模式融合研析.环境保护, (6)：11-16.

丁仲礼.2021.中国碳中和框架路线图研究.中国工业和信息化，(8)：54-61.

冯颖竹，陈惠阳，余土元，等.2012.中国酸雨及其对农业生产影响的研究进展.中国农学通 报，28（11）：306-311.

冯宗炜，曹洪法，周修萍，等.1999.酸沉降对生态环境的影响及其生态恢复.北京：中国环 境科学出版社.

冯宗炜.1995.酸雨的生态效应//丁一汇，高素华.痕量气体对我国农业和生态系统影响的研 究.北京：中国科学技术出版社.

国家发展改革委应对气候变化司.2014.中国温室气体清单研究.北京：中国环境出版社.

何建坤，陈文颖，滕飞，等.2009.全球长期减排目标与碳排放权分配原则.气候变化研究进 展，(6)：362-368.

何建坤，苏明山.2009.应对全球气候变化下的碳生产率分析.中国软科学，(10)：42- 47，147.

何建坤 . 2009. 发展低碳经济，关键在于低碳技术创新 . 绿叶，（1）：46-50.

何建坤 . 2013. CO_2 排放峰值分析：中国的减排目标与对策 . 中国人口·资源与环境，（12）：
1-9.

贺洪燕 . 2015. 供热锅炉"煤改气"环境效益分析以某一个供热站为例 . 科技资讯，
13（18）：131-132.

黄碧燕 . 2010. 气候变化对农业的影响及应对措施 . 南宁：2010 年全国低碳农业研讨会会议论
文 .

黄滢，魏楚，谢伦裕，等 . 2021. 气候变化和节能环保双重约束下的家庭适应性研究 . 北京：
科学出版社 .

金乐琴，刘瑞 . 2009. 低碳经济与中国经济发展模式转型 . 经济问题探索，（1）：84-87.

孔少飞，白志鹏，陆炳 . 2014. 民用燃料燃烧排放 $PM_{2.5}$ 和 PM_{10} 中碳组分排放因子对比 . 中国
环境科学，（11）：2749-2756.

李峰平，章光新，董李勤 . 2013. 气候变化对水循环与水资源的影响研究综述 . 地理科学，
（4）：457-464.

李昱瑾 . 2017. 考虑环境与资源外部性的发电成本模型构建及应用研究 . 保定：华北电力大学
硕士学位论文 .

梁云平，张大伟，林安国，等 . 2017. 北京市民用燃煤烟气中气态污染物排放特征 . 环境科学，
（5）：1775-1782.

林伯强，姚昕，刘希颖 . 2010. 节能和碳排放约束下的中国能源结构战略调整 . 中国社会科学，
（1）：57-72.

刘彦随，刘玉，郭丽英 . 2010. 气候变化对中国农业生产的影响及应对策略 . 中国生态农业学
报，（4）：905-910.

刘源，张元勋，魏永杰，等 . 2007. 民用燃煤含碳颗粒物的排放因子测量 . 环境科学学报，
（9）：1409-1416.

刘竹 . 2015. 哈佛中国碳排放报告 . https://www.belfercenter.org/sites/default/files/legacy/files/
carbon-emissions-report-2015-final-chinese.pdf［2020-12-20］.

马丽萍，曹国良，郝国朝 . 2018. 陕西省民用散煤燃烧颗粒物排放因子测定及分析 . 环境工程，
（36）：161-164.

庞军，吴健，马中，等 . 2015. 我国城市天然气替代燃煤集中供暖的大气污染减排效果 . 中国
环境科学，35（1）：55-61.

裴辉儒 . 2017. $PM_{2.5}$ 污染的社会成本——基于74城市动态气候经济综合模型分析 . 统计与信息
论坛，（7）：81-87.

祁娟 . 2017. 民用生物质/煤燃烧烟气污染物减排和节能机制研究 . 北京：中国矿业大学博士学
位论文 .

孙爽.2016.能源互联网背景下中国电力行业节能减排路径研究.保定：华北电力大学硕士学位论文.

孙洋洋.2015.燃煤电厂多污染物排放清单及不确定性研究.杭州：浙江大学硕士学位论文.

孙竹如，吴依平.1988.上海市燃煤二氧化硫排放因子的研究.上海环境科学，(12)：17-20.

王春兰，许诚，徐钢，等.2017.京津冀地区天然气和热泵替代燃煤供暖研究.中国环境科学，37(11)：4363-4370.

王金南，严刚，姜克隽，等.2009.应对气候变化的中国碳税政策研究.中国环境科学，(1)：101-105.

王敏，徐晋涛，谢伦裕，等.2018.中国风电和光伏发电补贴政策研究.北京：中国社会科学出版社.

魏楚，王丹，谢伦裕，等.2017.中国农村居民煤炭消费及影响因素研究.中国人口·资源与环境，27(9)：178-185.

魏学好，周浩.2003.中国火力发电行业减排污染物的环境价值标准估算.环境科学研究，(1)：53-56.

魏一鸣，余碧莹，唐葆君，等.2022.中国碳达峰碳中和路径优化方法.北京理工大学学报：社会科学版，(4)：3-12.

吴劲兵，汪家权，孙世群.2002.酸沉降农业经济损失估算.合肥工业大学学报(自然科学版)，(1)：100-104.

夏军，刘春蓁，任国玉.2011.气候变化对我国水资源影响研究面临的机遇与挑战.地球科学进展，(1)：1-12.

谢伦裕，常亦欣，蓝艳.2019.北京清洁取暖政策实施效果及成本收益量化分析.中国环境管理，(3)：87-93.

谢伦裕，陈飞，相晨曦.2019.城乡家庭能源消费对比与影响因素——以浙江省为例.中南大学学报(社会科学版)，25(6)：106-117.

谢伦裕，陈飞，虞义华，等.2020.乡村振兴背景下的家庭能源消费研究：以浙江省为例.北京：科学出版社.

谢伦裕，魏楚，张晓兵，等.2020.能源消费转型背景下的家庭取暖散煤治理评估.北京：科学出版社.

谢伦裕，张晓兵，孙传旺，等.2018.中国清洁低碳转型的能源环境政策选择.经济研究，(7)：198-202.

邢有凯.2016.北京市"煤改电"工程对大气污染物和温室气体的协同减排效果核算//中国环境科学学会.2016中国环境科学学会学术年会论文集(第三卷).中国环境科学学会：6.

徐钢，王春兰，许诚，等.2016.京津冀地区散烧煤与电采暖大气污染物排放评估.环境科学研究，29(12)：1735-1742.

杨婉琼 . 2022. 碳达峰碳中和的国际经验及启示 . 中国工业和信息化 , (6)：38-43.

於方 , 过孝民 , 张衍燊 . 2007. 2004 年中国大气污染造成的健康经济损失评估 . 环境与健康 , 24 (12)：999-1003.

於方 , 王金南 , 曹东 , 等 . 2009. 中国环境经济核算技术指南 . 北京：中国环境科学出版社 .

虞江萍 , 崔萍 , 王五一 . 2008. 我国农村生活能源中 SO_2、NO_x 及 TSP 的排放量估算 . 地理研究 , 27 (3)：547-555.

张凤霞 . 2017. 天然气在供暖应用中关键问题的研究 . 济南：山东建筑大学硕士学位论文 .

张林波 , 曹洪法 , 沈英娃 , 等 . 1997. 苏、浙、皖、闽、湘、鄂、赣 7 省酸沉降农业危害——农业损失估算 . 中国环境科学 , (6)：10-12.

张楠 , 张保留 , 吕连宏 , 等 . 2022. 碳达峰国家达峰特征与启示 . 中国环境科学 , (4)：1912-1921.

张颖 , 李晓格 , 温亚利 . 2022. 碳达峰碳中和背景下中国森林碳汇潜力分析研究 . 北京林业大学学报 , (1)：38-47.

郑新业 . 2022. 能源经济学 . 北京：科学出版社 .

支国瑞 , 陈颖军 , 熊胜春 , 等 . 2008. 温度设置对热光法测定气溶胶中黑碳的影响 . 分析测试学报 , (4)：381-385.

支国瑞 , 杨俊超 , 张涛 , 等 . 2015. 我国北方农村生活燃煤情况调查、排放估算及政策启示 . 环境科学研究 , 28 (8)：1179-1185.

周伯俞 , 胡经政 , 袁镇杰 , 等 . 1992. 906 型节煤炉具的研究 . 煤炭加工与综合利用 , (1)：29-33.

周曙东 , 周文魁 , 朱红根 , 等 . 2010. 气候变化对农业的影响及应对措施 . 南京农业大学学报：社会科学版 , (1)：34-39.

朱成章 . 2014. 中国电力市场化改革的设计 . 中国电力企业管理 , 7 (4)：63.

Acharya K P. 2002. Twenty-four years of community forestry in Nepal. International Forestry Review, 4 (2)：149-156.

Aebischer B, Catenazzi G, Jakob M. 2007. Impact of climate change on thermal comfort, heating and cooling energy demand in Europe. https：//www. researchgate. net/publication/302998353_Impact_of_climate_change_on_thermal_comfort_heating_and_cooling_energy_demand_in_Europe[2007-12-30].

Allport R J, Thomson J M. 1990. Study of mass rapid transit in developing countries. TRL Report, UIO：5-30.

Auffhammer M. 2014. Cooling China：The weather dependence of air conditioner adoption. Frontiers of Economics in China, 9 (1)：70-84.

Baker J M. 1998. The effect of community structure on social forestry outcomes：Insights from Chota

Nagpur, India. Mountain Research and Development, 18 (1): 51-62.

Berechman J, Tseng P H. 2012. Estimating the environmental costs of port related emissions: The case of Kaohsiung. Transportation Research Part D: Transport and Environment, 17 (1): 35-38.

Bowes M D, Krutilla J V. 2014. Multiple-use Management: The Economics of Public Forestlands. London: Routledge.

BP. 2018. BP Statistical Review of World Energy. https://wenku. baidu. com/view/4672640f31687e21af45b307e87101f69e31fbd7. html [2019-12-20].

Cai X, Zhang X, Wang D. 2011. Land availability for biofuel production. Environmental Science & Technology, 45 (1): 334-339.

Chay K Y, Greenstone M. 2003. The impact of air pollution on infant mortality: Evidence from geographic variation in pollution shocks induced by a recession. The Quarterly Journal of Economics, 118 (3): 1121-1167.

Chen S, Chen X, Xu J. 2016. Impacts of climate change on agriculture: Evidence from China. Journal of Environmental Economics and Management, 76: 105-124.

Chen Y, Tian C, Feng Y, et al. 2015. Measurements of emission factors of $PM_{2.5}$, OC, EC, and BC for household stoves of coal combustion in China. Atmospheric Environment, 109: 190-196.

Chen Y, Whalley A. 2012. Green infrastructure: The effects of urban rail transit on air quality. American Economic Journal: Economic Policy, 4 (1): 58-97.

Cohen A J, Anderson H R, Ostro B, et al. 2004. Comparative quantification of health risks: Global and regional burden of disease attributable to selected major risk factors. Urban air pollution, 2: 1353-1433.

Currie J, Neidell M. 2005. Air pollution and infant health: What can we learn from California's recent experience. The Quarterly Journal of Economics, 120 (3): 1003-1030.

Deschênes O, Greenstone M. 2011. Climate change, mortality, and adaptation: Evidence from annual fluctuations in weather in the US. American Economic Journal: Applied Economics, 3 (4): 152-185.

Dubin J A, McFadden D L. 1984. An econometric analysis of residential electric appliance holdings and consumption. Econometrica: Journal of the Econometric Society, 15 (4): 345-362.

Dwivedi P, Wang W, Hudiburg T, et al. 2015. Cost of abating greenhouse gas emissions with cellulosic ethanol. Environmental Science & Technology, 49 (4): 2512-2522.

Ebenstein A, Fan M, Greenstone M, et al. 2017. New evidence on the impact of sustained exposure to air pollution on life expectancy from China's Huai River Policy. Proceedings of the National Academy of Sciences, 114 (39): 10384-10389.

EEA. 2018. Renewable Energy in Europe 2018-recent growth and knock-on effects. https://

www. eea. europa. eu/publications/renewable-energy-in-europe-2018［2020-12-20］.

Eggleston H S, Buendia L, Miwa K, et al. 2006. IPCC guidelines for national greenhouse gas inventories. TOKYO：IGES.

EPA. 2004. Air Quality Criteria for Particulate Matter. http：//citeseerx. ist. psu. edu/viewdoc/download? doi=10. 1. 1. 400. 4580&rep=rep1&type=pdf［2019-12-20］.

Feng S, Yang H. 2008. The impact of developed countries' policies and measures to deal with climate change on China. Energy of China, 30：23-27.

Fisher R J, Durst P B, Enters T, et al. 2000. Overview of themes and issues in devolution and decentralization of forest management in Asia and the Pacific. http：//dlc. dlib. indiana. edu/dlc/bitstream/handle/10535/8405/Devolution% 20and% 20decentralization% 20of% 20forest% 20management% 20in% 20Asia% 20and% 20the% 20Pacific. pdf［2019-12-20］.

Fitch-Roy O, Benson D, Mitchell C. 2019. Wipeout? Entrepreneurship, policy interaction and the EU's 2030 renewable energy target. Journal of European Integration, 41（1）：87-103.

Gicheva D, Hastings J, Villas-Boas S. 2007. Revisiting the income effect：Gasoline prices and grocery purchases. https：//escholarship. org/content/qt7087m1p6/qt7087m1p6. pdf［2019-12-20］.

Gordon P, Willson R. 1984. The determinants of light-rail transit demand：An international cross-sectional comparison. Transportation Research Part A：General, 18（2）：135-140.

Greenstone M, Fan C Q. 2018. Introducing the air quality life index-twelve facts about particulate air pollution, human health, and global policy. Energy Policy Institute at the University of Chicago, 110（32）：12936-12941.

Hausman C. 2012. Biofuels and land use change：Sugarcane and soybean acreage response in Brazil. Environmental and Resource Economics, 51（2）：163-187.

Hijweege W L. 2008. Emergent Practice of Adaptive Collaborative Management in Natural Resources Management in Southern and Eastern Africa：Eight Case Studies. Wageningen：Wageningen International.

Hyde W F, Belcher B, Xu J. 2015. China's Forests：Global Lessons from Market Reforms. London：Routledge.

IEA. 2007. World Energy Outlook 2007：China and India Insights, International Energy Agency. Paris：OECD/IEA.

IEA. 2019. The Future of Cooling in China. Paris：IEA.

IPCC. 2006. IPCC 国家温室气体排放清单. https：//wenku. baidu. com/view/32d9fecc54270722192e453610661ed9ac5155e6. html［2020-12-20］.

IPCC. 2014. Climate Change 2014：Synthesis Report. Contribution of Working Groups Ⅰ, Ⅱ and Ⅲ to the fifth assessment report of the Intergovernmental Panel on Climate Change. Geneva,

Switzerland：IPCC.

IPCC. 2019. IPCC Special Report on the Ocean and Cryosphere in a Changing Climate. Geneva, Switzerland：IPCC.

Kain J F. 1968. Housing segregation, negro employment, and metropolitan decentralization. The Quarterly Journal of Economics, 82 (2)：175-197.

Kain J F. 1990. Deception in Dallas：Strategic misrepresentation in rail transit promotion and evaluation. Journal of the American Planning Association, 56 (2)：184-196.

Kain J F. 1992. The use of straw men in the economic evaluation of rail transport projects. The American Economic Review, 82 (2)：487-493.

Kain J F. 1997. Cost-effective alternatives to Atlanta's rail rapid transit system. Journal of Transport Economics and Policy, 45：25-49.

Kaufmann R K, Gopal S, Tang X, et al. 2013. Revisiting the weather effect on energy consumption：Implications for the impact of climate change. Energy Policy, 62：1377-1384.

Kenworthy J, Laube F. 2001. The millennium cities database for sustainable transport. DatabaseJournal of Transportation Technologies, 3 (4)：272-287

Klooster D, Masera O. 2000. Community forest management in Mexico：Carbon mitigation and biodiversity conservation through rural development. Global Environmental Change, 10 (4)：259-272.

Li Y, Pizer W A, Wu L. 2019. Climate change and residential electricity consumption in the Yangtze River Delta, China. Proceedings of the National Academy of Sciences, 116 (2)：472-477.

Lin J Y. 1992. Rural reforms and agricultural growth in China. American Economic Review, 82 (1)：34-51.

Litman T A. 2012. Transportation Cost and Benefit Analysis II- Air Pollution Costs. Victoria Transport Policy Institute, (10)：30-45.

Little J B. 1996. Forest communities become partners in management. American Forests, 102 (3)：17-19.

Lobell D B, Bänziger M, Magorokosho C, et al. 2011. Nonlinear heat effects on African maize as evidenced by historical yield trials. Nature Climate Change, 1 (1)：42-45.

Meshack C K, Ahdikari B, Doggart N, et al. 2006. Transaction costs of community-based forest management：Empirical evidence from Tanzania. African Journal of Ecology, 44 (4)：468-477.

Miguez F E, Maughan M, Bollero G A, et al. 2012. Modeling spatial and dynamic variation in growth, yield, and yield stability of the bioenergy crops Miscanthus × giganteus and Panicum virgatum across the conterminous U nited S tates. Gcb Bioenergy, 4 (5)：509-520.

Miguez F E, Zhu X, Humphries S, et al. 2009. A semimechanistic model predicting the growth and production of the bioenergy crop Miscanthus × giganteus: Description, parameterization and validation. Gcb Bioenergy, 1 (4): 282-296.

Miller N L, Hayhoe K, Jin J, et al. 2008. Climate, extreme heat, and electricity demand in California. Journal of Applied Meteorology and Climatology, 47 (6): 1834-1844.

Muller N Z, Mendelsohn R. 2007. Measuring the damages of air pollution in the United States. Journal of Environmental Economics and Management, 54 (1): 1-14.

Neidell M J. 2004. Air pollution, health, and socio-economic status: The effect of outdoor air quality on childhood asthma. Journal of health economics, 23 (6): 1209-1236.

Normile D. 2008. China's living laboratory in urbanization. Science, 5864: 740-743.

Ohara T, Akimoto H, Kurokawa J, et al. 2007. An Asian emission inventory of anthropogenic emission sources for the period 1980—2020. Atmospheric Chemistry and Physics, 7 (16): 4419-4444.

Parry I W H, Small K A. 2009. Should urban transit subsidies be reduced. American Economic Review, 99 (3): 700-724.

Perkins D, Yusuf B S. 1984. Rural Development in China. Baltimore: Johns Hopkins University Press.

Pickrell D H. 1992. A desire named streetcar fantasy and fact in rail transit planning. Journal of the American Planning Association, 58 (2): 158-176.

Poffenberger M. 1990. Joint management for forest lands: Experiences from south Asia. New Delhi: Ford Foundation.

Robinson E J Z, Lokina R B. 2012. Efficiency, enforcement and revenue tradeoffs in participatory forest management: An example from Tanzania. Environment and Development Economics, 17 (1): 1-20.

Sailor D J, Pavlova A A. 2003. Air conditioning market saturation and long-term response of residential cooling energy demand to climate change. Energy, 28 (9): 941-951.

Sarin M. 1995. Joint forest management in India: Achievements and unaddressed challenges. Unasylva, 46 (180): 30-36.

Schlenker W, Roberts M J. 2009. Nonlinear temperature effects indicate severe damages to US crop yields under climate change. Proceedings of the National Academy of sciences, 106 (37): 15594-15598.

Scown C D, Nazaroff W W, Mishra U, et al. 2012. Lifecycle greenhouse gas implications of US national scenarios for cellulosic ethanol production. Environmental Research Letters, 7 (1): 014011.

Searchinger T, Heimlich R, Houghton R A, et al. 2008. Use of US croplands for biofuels increases greenhouse gases through emissions from land-use change. Science, 319 (5867): 1238-1240.

Shen G, Yang Y, Wang W, et al. 2010. Emission factors of particulate matter and elemental carbon for crop residues and coals burned in typical household stoves in China. Environmental Science & Technology, 44: 71577162.

Song S. 2014. Ship emissions inventory, social cost and eco-efficiency in Shanghai Yangshan port. Atmospheric Environment, 82: 288-297.

Tanaka N. 2007. World Energy Outlook 2007 China and India insights. http://www. frankhaugwitz. eu/doks/general/2007_11_IEA_WEO2007_brainstorming_PPT. pdf [2020-12-20].

Turyahabwe N, Banana A Y. 2008. An overview of history and development of forest policy and legislation in Uganda. International Forestry Review, 10 (4): 641-656.

Vickrey W S. 1969. Congestion theory and transport investment. The American Economic Review, 59 (2): 251-260.

Wen G J. 1993. Total factor productivity change in China's farming sector: 1952—1989. Economic Development and Cultural Change, 42 (1): 1-41.

World Bank. 2010. China's Envisaged Renewable Energy Target: The Green Leap Forward. https://documents1. worldbank. org/curated/en/409621468212990907/pdf/579060WP0Box351icy0Note1EN01PUBLIC1. pdf [2020-10-20].

Xie L Y, Hu X, Wu W Y, et al. 2021. Who suffers from energy poverty in household energy transition? Evidence from clean heating program in rural China. Energy Economics, 106: 105795.

Xie L Y, Lewis S M, Auffhammer M. 2019. Environment or food: Modeling future land use patterns of miscanthus for bioenergy using fine scale data. Ecological Economics, 161: 225-236.

Xie L Y, Yan H S, Zhang S H, et al. 2020. Does Urbanization Increase Residential Energy Use? Evidence from the Chinese Residential Energy Consumption Survey 2012. China Economic Review, 59: 101374.

Xie L Y, Berck P, Xu J T. 2016. The effect on forestation of the collective forest tenure reform in China. China Economic Review, 38: 116-129.

Xie L Y, Huang Y, Qin P. 2018. Spatial distribution of coal-fired power plants in China. Environment and Development Economics, 23 (4): 495-515.

Xie L Y, Lewis S M, Auffhammer M. 2019. Heat in the heartland: Crop yield and coverage response to climate change along the Mississippi River. Environmental and Resource Economics, 73 (2): 485-513.

Xie L Y, Zeng B, Jiang L, et al. 2018. Conservation payments, off-farm labor, and ethnic minorities: Participation and impact of the Grain for Green program in China. Sustainability, 10 (4): 1183.

Xie L Y, Zhou O F. 2021. What improves subjective welfare during energy transition? Evidence from the clean heating program in China. Energy and Buildings, 253: 111500.

Xie L Y. 2016. Automobile usage and urban rail transit expansion: Evidence from a natural experiment in Beijing, China. Environment and Development Economics, 21 (5): 557-580.

Xie L Y. 2019. Comparison of Residential Energy Consumption in Urban and Rural Areas//Zheng X Y, Wei C. Household Energy Consumption in China: 2016 Report. New York: Springer Nature.

Xie L Y. 2019. Soil and Crop Choice//Konyar K, Frisvold G. Applied Methods for Agriculture and Natural Resource Management. New York: Springer Natur

Xie L, Berck P, Xu J. 2016. The effect on forestation of the collective forest tenure reform in China. China Economic Review, 38: 116-129.

Xie L, Lewis S M, Auffhammer M, et al. 2019a. Heat in the heartland: Crop yield and coverage response to climate change along the Mississippi River. Environmental and resource economics, 73 (2): 485-513.

Xie L, MacDonald S L, Auffhammer M, et al. 2019b. Environment or food: Modeling future land use patterns of miscanthus for bioenergy using fine scale data. Ecological economics, 161: 225-236.

Xie L, Yan H, Zhang S, et al. 2020. Does urbanization increase residential energy use: Evidence from the Chinese residential energy consumption survey 2012. China Economic Review, 59: 101374.

Xie L, Zeng B, Jiang L, et al. 2018. Conservation payments, off-farm labor, and ethnic minorities: Participation and impact of the grain for green program in China. Sustainability, 10 (4): 1183.

Xie L. 2016. Automobile usage and urban rail transit expansion: Evidence from a natural experiment in Beijing, China. Environment and Development Economics, 21 (5): 557-580.

Xu J, Sun Y Jiang X, et al. 2008. Collective forest tenure reform in China: Analysis of pattern and performance. https://www.docin.com/p-583975466.html [2020-12-20].

Xu Z, Xu J, Deng X, et al. 2006. Grain for green versus grain: Conflict between food security and conservation set-aside in China. World Development, 34 (1): 130-148.

Yang X, Teng F, Wang G. 2013. Incorporating environmental co-benefits into climate policies: A regional study of the cement industry in China. Applied energy, 112: 1446-1453.

Yin R, Newman D H. 1997. Impacts of rural reforms: The case of the Chinese forest sector. Environment and Development Economics, 2 (3): 291-305.

Yu S. 2008. Policies and measures to deal with climate change in developing countries such as China and India. Energy of China, 30: 17-22, 27.

Zhang Q, Streets D G, Carmichael G R, et al. 2009. Asian emissions in 2006 for the NASA INTEX-B mission. Atmospheric Chemistry and Physics, 9 (14): 5131-5153.

Zhang Y, Schauer J J, Zhang Y, et al. 2008. Characteristics of particulate carbon emissions from real-world Chinese coal combustion. Environmental science & technology, 42 (14): 5068-5073.

Zhao Y, Zhang J, Nielsen C P. 2013. The effects of recent control policies on trends in emissions of anthropogenic atmospheric pollutants and CO_2 in China. Atmospheric Chemistry and Physics, 13 (2): 487-508.